監修者——五味文彦／佐藤信／高埜利彦／宮地正人／吉田伸之

［カバー表写真］
日本最初の電信局
（「東京横浜名所一覧図会」より）

［カバー裏写真］
ペリー提督献上の
エンボッシング・モールス電信機

［扉写真］
明治前期の郵便業務
（「郵便現業絵図」より）

日本史リブレット 60

情報化と国家・企業

Ishii Kanji
石井寛治

目次

情報革命は産業革命に匹敵する変化か？

二十世紀末から二十一世紀初めにかけての世界史的大事件といえば、多くの人々はまず社会主義体制の崩壊をあげるだろう。社会主義体制を誕生させた一九一七年のロシア革命は、当時の世界の人々に大きな衝撃を与え、とりわけ抑圧されてきた労働者階級の人々に未来への限りない希望をもたらした。日本でも革命のニュースを知った貧乏職工が、息子に向かって、「おい小僧共、心配するな、お前達でも天下は取れるんだ」（『産業と労働』一九一八年十月号）と叫んだというが、そうした叫びは世界中に広がってゆき、資本家階級を恐怖のどん底に叩き込んだ。

また、一九四九年の中国革命は長いこと帝国主義と地主の支配下に苦しんできた人々に独立と解放への期待を持たせ、アジア、アフリカ、ラテン・アメリカへと革命の波を押し広げていった。これらの革命は、二十世紀が二度の世界戦争によって彩られる戦争の世紀でありながら、一面では人間解放に向けての進歩の時代でもある証拠と見なされてきた。

その社会主義体制が、一世紀も経たないうちにあっけなく崩壊し、市場経済ないし資本主義体制に逆戻りしたのは何故なのかという疑問を解くことは、現代史研究の最大の課題といえよう。多くの人々は、人々の市民的自由を奪い去っただけでなく、反抗する人々を文字どおり抹殺した革命後の独裁権力は、市民社会に立脚する資本主義体制からむしろ歴史的に後退しており、そこに体制崩壊の根本理由があったとするであろう。筆者もそうした側面を重要とみる点では人後に落ちないつもりであり、その歴史的原因としてロシア帝国と中華帝国の長期にわたる専制支配の伝統を考慮する必要があると指摘したことがある(石井寛治『日本経済史〔第二版〕』)。

また、中央集権的な計画経済が市場経済のように多様な人々の要求に応えつつ生産力を発展させる能力をもともと欠いており、経済効率という面から見て、二十世紀の社会主義が既存の資本主義体制を凌駕することは困難だった点に、その崩壊の理由を求める意見もある。この点に関連して、自然環境の制約を無視し、ひたすら生産力の発展に至上の価値を求める限り、二十世紀社会主義も資本主義と同様な近代的性格を帯びた体制の一つに過ぎなかったという指摘もなされている。

　こうして、二十一世紀に入った今日、世界は資本主義体制によって覆われ、社会主義市場経済を唱える中国も、国営企業の比重が低下するに伴って資本主義体制とほとんど違いがなくなり、政治システムの面でも資本家が共産党に入る道が開けるなど、徐々に「民主化」が進展しつつある。そして、冷戦体制下のようなライバルを失った資本主義体制について見ると、そこでは新自由主義▲の名のもとに市場と競争を万能視する復古的な市場原理主義の風潮が強まり、その結果として国内的にも国際的にも経済格差がますます拡大し、地球環境問題への無理解をさらけ出しながら経済・軍事両面で一人勝ちするアメリカ合衆国への反発が、イスラム世界だけでなくヨーロッパ世界でも強まっている。資本主義の世界体制もこのままでは持続困難な事態に追いこまれるであろう。

▼**新自由主義**　もともと十九世紀末のイギリスに登場した新自由主義(New Liberalism)は、激化する資本主義の矛盾に対処するため福祉国家の理念を取り込みつつ自由主義を擁護したが、二十世紀末に現われた新自由主義(Neo Liberalism)は、矛盾を露呈した福祉国家やケインズ主義政策への批判であり、十九世紀末のものとは正反対の性格である。

これから二十一世紀の世界がどのような展開を遂げていくかは、簡単には予測できそうもない。しかし、二十世紀末から目立ち始めた科学技術の新たな発展の中には、時代の閉塞状況を突破する手がかりとなることが期待されるものが幾つか見られる。そのひとつとして情報・通信技術の画期的な発展をあげることには異論はなかろう。

かつて筆者は、二十世紀末の情報革命の進展を、十九世紀における産業革命に対比できる大きな変化ではないかと論じ、

「情報・通信技術の発展は人々の暮らしのあり方を大きく変え、〈個人〉が居ながらにして地球上の裏側に住む他者とでも瞬時に情報を交換しながら共同の作業に従事し、〈社会〉のために生きる可能性を創出しつつあるのであり、それは個人が〈個人としての自立性〉を保ちつつ同時に〈社会的な存在〉として自覚的に生きる新しい人間類型をいかにして創出するかという、今日の人類社会にとって根本的な課題と深くかかわっているのである」（石井寛治『情報・通信の社会史』）

という展望を述べたことがある。

このような見方に対しては、現在の情報革命は、石炭エネルギーと鋼鉄素材による産業革命にさいして立ち遅れた情報化の仕上げにすぎないと見る竹内啓氏の見解（『高度技術社会と人間』）のような批判もある。だが、十九世紀の産業革命にさいしては、電信と電話という新しい通信手段が登場して地球表面の時間的距離を一挙に短縮しており、その経済的インパクトは絶大だったことを見落とすべきではなかろう。

二十一世紀の現在進行中の情報革命は、もはやかつての産業革命の一環ではなく、新しい段階の変化の一環と見るべきではないかと思う。その意味で、前述の筆者の展望自体は正しいと今でも考えるが、そうした人々の新しい生きかたを創造する「可能性」を「現実性」に転化するためには、幾つもの課題を解決していかなければならない。本書は、現在さまざまな意味でその存在意義を問われている日本の国民国家と資本制企業が、民衆の〈社会的な存在〉への成長とどのような関わりを持っていたかに力点を置いて、情報化の進展とその意義を歴史的に検討してみたい。

①——途上国日本の情報化戦略

国家が担う近代的通信手段の開発

ペリーの贈り物から官営電信事業まで

一八五三（嘉永六）年に黒船を率いて江戸湾入口の浦賀沖に現われ、幕府役人に大統領の国書を手渡したアメリカ合衆国のペリー提督は、翌年再航して横浜村において幕府と日米和親条約を結んだ。

そのさい、ペリーは幕府への贈り物として用意してきた電信機を使って、一マイル離れた地点との間にまっすぐ張った電線による通信実験をして見せた。F・L・ホークスの『ペルリ提督日本遠征記』▲は、「毎日毎日、役人や多数の人々が集って、技手に電信機を動かしてくれるようにと熱心に懇願し、通信を往復するのを絶えず興味を抱いて注意していた」と、日本人が示した旺盛な好奇心について記し、日本側の余興としての力士たちによる相撲を「残忍な動物力の見世物」と評した上で、彼らの贈った電信機と鉄道模型を、「半開国民に対する科学と企業との成果の勝利に充ちた啓示であった」と、誇らしげに述べて

▼**ペルリ提督日本遠征記**　ペリーの日本派遣の公文書やペリーと乗組員の記録をもとに、ホークスが編纂し議会が刊行した。第一巻（本記）、第二巻（自然科学）、第三巻（天文観察）、第四巻（水路図）のうち、第一巻だけが土屋喬雄・玉城肇によって翻訳された。

いる。

好奇心の塊のような日本人を「半開国民」と見下すペリーは、その日本人のなかに電信機の実験をすでに行なったことのある人物がいたことは無論知る由もなかった。松代藩軍議役として横浜に出張していた佐久間象山がその人であり、象山は通信実験の時はたまたま江戸に戻っていたようであるが、五年前の一八四九年にオランダの文献をもとに電信実験に成功していたのである。

アメリカに続いてオランダからも電信機が幕府に贈呈され、薩摩藩や肥前藩では藩主の命により電信機の試作と実験が行なわれた。そして、一八六八(明治元)年には、薩摩藩士で電信機の試作にも関わった寺島宗則(松木弘安)の建議により、明治新政府はみずから電信事業に乗り出す方向に動き出した。

イギリスから招いた電信技師A・E・ギルバートが神奈川裁判所(県庁)と横浜灯明台役所の間で約七〇〇メートルの電信実験に成功したのが、一八六九年八月九日で、同年九月十九日(新暦十月二十三日▲)に東京・横浜間の電信線三二キロメートルの敷設工事が始まった。十月二十三日が後に電信電話記念日とされたのは、この工事開始を記念してのことである。同年十二月二十五日には、

▼**旧暦の月日表示**　本書では、明治五(一八七二)年までは、年次は西暦＝新暦で示すが、月日は和暦＝旧暦で示す。

●—電信事業の創始者・寺島宗則

●—開国派の洋学者・佐久間象山
（中村不折画）

●—郵便事業の創始者・前島密

東京・横浜間の公衆電報の取り扱いが開始され、翌七〇年八月二十日には大坂・神戸間の電信も開通したというから、なかなかのスピードである。

政府は、その後、北海道から九州にかけての要地を結ぶ幹線電信路の建設に力を注ぎ、一八七五年三月には小樽から青森・東京・神戸を経て長崎までの官営電信が全線開通した。とくに横浜から長崎までの電信線路については、政府は沿線住民によるさまざまな妨害▲を押し切って工事を強行し、一八七三年四月には東京・長崎間の電信線がいちおう落成したが、これは急いで陸上電線路を架設しないと、外国の電信会社によって長崎・横浜間の海底電線路が敷設される恐れがあったためだと言われている。

すなわち、ヨーロッパからシベリア経由でウラジオストックまで既に設けられていた陸上電線の利用権をロシア政府から獲得したデンマークの大北《だいほく》電信会社▲が、ロシア政府の支援を受けつつ日本政府と交渉した末、一八七〇年八月二十五日に、ウラジオストックから長崎を経て上海に至る海底電線の敷設権を獲得したが、そのさい同社は長崎だけでなく横浜にも海底電線を陸揚げする権利を獲得した。

▼電線敷設の妨害　あまりの不思議さにこれはキリシタンの魔法に違いないという噂が流れ、電信柱や碍子《がいし》を破壊したり、電線にいろんな物を引っ掛けたりするものが跡を絶たなかった。

▼大北電信会社　一八六九年に北欧の海底電線三社が合併して設立され、ヨーロッパ各地をケーブルで結び、さらにシベリア経由で東アジアに進出した。第二次大戦中に日本から一時撤退したが、戦後は直江津・ナホトカ間に大容量の同軸ケーブルを敷設した。

交渉に当たった寺島宗則外務大輔は、日本側の陸上電線が完成した場合には、長崎・横浜間海底電線に対しては手数料の五%を課税することを最終段階で認めさせた上で、急いで陸上電線路を完成させることにより、同社による長崎・横浜間の海底電線の敷設を阻止しようとし、見事阻止に成功したのである。もっとも、最初のうちは、長崎・神戸間の電信線が故障したため、両地間は汽船によって電報を運ばなければならず、実際に横浜とロンドンが一本の電線で結び付けられるようになったのは、一八七三年十月一日からのことであった。

このように、明治新政府は、国内の電信網については外国資本によって掌握されることを避けようと早くから懸命の努力を重ねた。国内の民間からも電信事業を始めたいという希望が出されたが、政府はそれを認めず、電信事業は官営とされた。もっとも、鉄道には必ず電信ないし電話の設備が設けられ、公衆電報の取り扱いも行なったから、私設鉄道の場合は、民営の電信事業を兼ねていたと見ることができる。それが全体の電信実績の中で占める比重は不明であるが、あまり大きな比重でなかったことは確かであろう。

民間飛脚業の土台の上に作られた官営郵便業

これに対して、郵便事業が官営として行なわれるようになり、近世以来の飛脚問屋の営業が禁止されるまでの経緯は簡単ではなかった。幕末の主要街道筋には民間の飛脚問屋《ひきゃくどんや》に雇われた飛脚が定期的に走って書状や小荷物を運んでいた。

一八六一（文久元）年に長崎から江戸まで旅行した駐日イギリス公使R・オールコックは、京都を避けて大坂から奈良、伊賀上野を経て亀山の城下を通ったとき、

「腰に布をまとっただけの二人の男が駆け寄ってくるのを目にした。そのうちのひとりは、肩に注意ぶかく包んだ小包をかつぎ、そしてだれもみなかれのためにすぐ道をあけていた。こういった点から見て、政府の公文書をもった早便だということが、わたしにはすぐわかった」（『大君の都』）

と、東海道を経て京都へ向かう公用飛脚の姿を記している。

民間商人の書状も、たとえば幕末の横浜から上州大間々《おおまま》に向けてのものは、江戸の飛脚問屋京屋弥兵衛が五日おきに発送する「定便《じょうびん》」によって届けられた。

▼**幸便** 旅人に託して届けてもらう手紙。

▼**前島密** 一八三五〜一九一九年。越後国頸城郡の豪農上野家に生まれ、江戸で医学・蘭学・兵学等を修め、薩摩藩に招かれた後、幕臣前島家を継いだ。「郵便の父」と呼ばれている(八ページ下写真参照)。

しかし、主要街道筋から一歩外れたら最後、飛脚問屋には特別料金を払わない限り相手まで届けてもらうわけにいかず、旅行者が現れたときに「幸便《こうびん》」▲として託するのが普通であった。江戸から長崎まで八日で飛脚便が届いたのに対して、奥州盛岡から横浜までは「幸便」で半月から一月半もかかったという。

一八七〇(明治三)年に駅逓権正《ごんのしょう》になった旧幕臣前島密《ひそか》▲が、東京と京都・大坂の間に公私の郵便物を毎日送る官営郵便事業(前島密「新式郵便之仕法」)を提案したのは、飛脚問屋への支払い料金があまりに高いのに驚いてのことであり、むしろ政府みずからが書状を送った方が安上がりだと計算したためであった。しかし飛脚問屋も黙ってはいない。一八七一年三月一日に官営郵便事業が公的書状だけでなく私的書状をも取り扱いはじめてから、七三年五月一日に飛脚問屋による書状の取り扱いが法的に禁止されるまでの約二年間は、官営郵便と民間飛脚との間で激しい競争が行なわれた。

政府が事業の独占を決意したのは、欧米並みの全国一律料金によって、「全国之景況声息ヲ通シ、物貨平準之路ヲ疎《そ》」(「新式郵便之仕法」)にすること、言いかえれば、統一的国内市場の創出を促進するためであった。しかし、一律料金

●—江戸時代の飛脚

●—明治初年の郵便夫

となるとどうしても近距離通信が相対的に割高料金となるから、近距離分野では従来の飛脚問屋が優位に立ち、官営郵便事業の全体としての収支バランスが取れなくなるに違いない。こうして、官営郵便事業は制度的には民間飛脚事業を否定しつつ成立したが、実際には旧来の飛脚関係者の経験と能力に依存しつつ発足した。

藪内吉彦氏の研究によると、郵便ネットワークの拠点としての郵便局になったのは、主として街道筋の宿駅であり、長年にわたり飛脚業務に携わってきた問屋役が郵便取扱人に任命されることが多かった。島崎藤村の歴史小説『夜明け前』には、主人公青山半蔵の義兄に当たる中山道馬籠宿の問屋青山寿平次が一八七三年に妻籠駅の郵便取扱人となり、郵便業務を「問屋時代と同じ調子でやった」と記されているが、そのとおりだったと考えて良かろう。

政府の一大収入源としての通信事業

近代日本では、電信事業と郵便事業だけでなく、電話事業もまた官営事業として始まったが、電信・郵便事業の場合に比べて電話事業が官営で出発しなければならない理由は乏しかった。

政府は当初緊縮財政という状況を配慮して民営でも構わないという立場をとり、それを受けて一八八五(明治十八)年五月には財界の有力者渋沢栄一・益田孝・原六郎らが資本金一〇万円(のち二五万円)の電話会社の創立願書を提出したが、政府内部では工部省が、民営にすると「官庁の機密は勿論警察上の要件等民間に伝漏《でんろう》するに至り、其弊害挙《あげ》て言うべからざる」(『渋沢栄一伝記資料』第九巻)という政治的理由を盾に認可に反対した。こうして政府内部ではしだいに官営論が強まり、一八八九年三月には官営方針が閣議決定された。

しかし、電話事業が官営とされた理由を国家機密の保護にあるとするのは、警察関係の電話が早くから専用電話の形で普及しはじめ、交換業務が開始されてからも別個の体系として発展していく事実ひとつを見ても根拠に乏しい。官営事業の縮小・払い下げに伴い、一八八五年末に省そのものが廃止される運命にあった工部省のメンバーにとり、電話事業は新しい仕事としてきわめて魅力的だったことこそが、彼らの官営論の本音だったのであろう。

一八八五年に新設された逓信省は、農商務省から駅逓局と管船局、工部省から電信局と灯台局を移管して成立した通信・海運の統括官庁であり、間もなく

▼**箕浦勝人**　一八五四～一九二九年。豊後国臼杵藩士実相寺家の次男に生まれ、箕浦家を継ぐ。慶応義塾卒業後、郵便報知新聞に入るとともに、立憲改進党の結成に加わり、衆議院議員を長く務め、一九一五(大正四)年には逓信大臣となる。

電話事業と鉄道事業が加わったため巨大規模の官庁へと発展していった。

もっとも、通信部門が何れも官営事業として開始されたことと、その後ずっと官営事業として存続したのとは同じことではない。たとえば、一八九五年二月の第八議会に出された電話事業民営化の建議を審議した衆議院特別委員会は、政府委員の主張を入れて一応その建議を退けたが、民営は利用者に不利益をもたらすという政府委員の主張は認めなかったし、国家機密の保護という理由は政府委員の方でも今回は唱えなかった。

この頃から交換加入を申し込みながら待たされる電話積滞数が増加し、官営事業でありながら利用者にとって不利益が増大し始めるのである。その理由としては政府の財政難が挙げられるのが普通だが、官営通信事業は実は一八八六年度以降大幅な黒字部門となっていた。一八九九年の第一三議会において書状の料金を四匁につき二銭から三銭に引き上げる政府提案が出されたとき、逓信省の次官だったことのある箕浦勝人《みのうらかつんど》▲衆議院議員が、

「此案ハ多弁ヲ費スマデモナイ、実ニ不都合ナ非文明的ノ案デアリマス、……万一今日我国ノ郵政ガ、甚ダ振ハナイ大イニ改良ヲシナケレバナラヌ

コトガアル、然ルニ此改良ヲスルニ付イテ、ドウシテモ改良ノ費用ノ出場ガナイカラ、已ムヲ得ズ郵便税ヲ上ゲルノダト、斯ウ云フナラバ、或ハ一ノ説トシテ成立ツコトガ出来ルノデアル、然ルニ此度ノ郵便税改正ハ、決シテ郵政ノ改良ニ用ヒルコトガ出来ナイノデアル、用ヒルタメデハナイ、一般財政ノ不足ヲ補フタメニヤルノデアル」（『衆議院議事速記録』）

という理由を掲げて強硬に反対したが、原案のまま押し切られた。「郵便料金」ではなく「郵便税」という表現が用いられているところに、事態の本質が透けて見えている。当時の一般意識では、郵便切手はサービスへの対価ではなく、まさに「税」の一種だったのであり、政府は通信事業から大きな黒字をひねり出した上で、それを通信事業の拡充に使うのを制限しつつ、日清戦争の戦後経営▲のための一般財源に繰り込もうとしたのである。

このように通信事業が政府の一大収入源となるという状況は、その後も存続したため、政府は逓信省の事業を独立会計にすることすら拒みつづけた。ようやく一九三四(昭和九)年度になって、毎年度八二〇〇万円以内において予算の定める金額を一般会計に納付するという厳しい条件付きで、特別会計が認めら

▼**戦後経営**　日清戦争後の陸海軍の大軍拡と、産業振興策・教育充実策、さらに台湾の植民地経営などの施策の総称。清国からの賠償金だけでなく、一般会計の収入も使われた。

れたのである。

近代的通信手段を活用する企業と国家

世界中の通商情報を集めた日本領事館

近代的通信手段の導入をみずから行なった日本政府は、その活用にさいしても大きな役割を果たした。とくに外国との情報交換という局面では、民間の貿易商社などが未発達だった分だけ政府が盛んに活躍した。もちろん未発達といっても貿易に進出した日本の商社は、一八七三(明治六)年に大倉喜八郎が設立した大倉組▲や、七六年初頭に森村市左衛門が弟豊と始めた森村組▲、七六年七月に三井家の依頼で益田孝▲が設立した三井物産、あるいは、八〇年に生糸直輸出《じきゆしゅつ》を目指す製糸家らが結成した同伸《どうしん》会社▲など色々あったから、それらの活動も無視できない。

なかでも特記すべき事例は、三井物産の「総括」(=社長)であった益田孝が、政府の勧めに応じて国内外の商品相場を調べて掲載する『中外物価新報』を一八七六年十二月に創刊したことである。益田の回顧談には、内務省の河瀬秀治が、

▼**大倉組**　大倉喜八郎は一八六五(慶応元)年に神田に銃砲店を設立して利益をあげ、七三年に日本最初の貿易会社大倉組商会を設立、翌年ロンドン支店を設けた。一九九八(平成十)年に大倉商事は破綻し、一二五年の歴史を閉じた。

▼**森村組**　江戸の武具馬具商森村市左衛門は、横浜で唐物商を兼ねたさい得意先の中津藩の福沢諭吉と知り合い、外国貿易に志した。一八七六年森村組を開設し、同年、弟の豊がニューヨークへ渡り、古美術品や陶磁器を輸出、一九〇四年に愛知県則武《のりたけ》に日本陶器を設立し、白生地陶器を開発製造した。

▼**益田孝**　一八四八〜一九三八年。佐渡生まれ。一八六三年幕府使節団に加わり渡欧、江戸城明渡し後は横浜の外国商館に勤めた。井上馨と知り合ったことから三井家より貿易商社を作る依頼を受けた。三井物産の育ての親であり、三井財閥の最高首脳にもなった。

「どうも商業上の通信がちっとも来なくて困っている、商業上の知識を普及する新聞を作れと言うて、私にしきりに勧める。よろしゅうござります、作りましょうと言うて作った」(長井実編『自叙益田孝翁伝』)とあるから、この時期には政府の方でもどのようにして国内・海外市場の情報を収集・伝達すべきか模索していたと見て良いだろう。

日本橋兜《かぶと》町の三井物産本社内に置かれた編集局では、ロンドンからの商況電報や香港・上海からの通信あるいは国内各地の商況についての記事を編集して、福地源一郎▲の主宰する銀座二丁目の日報社に送って印刷・販売してもらった。政府の補助金を受けつつ最初週刊で刊行された同紙は、一八八五年からは日刊となり、八九年には単なる相場紙から本格的な経済新聞『中外商業新報』へと成長する。現在の『日本経済新聞』の前身である。

三井物産上海支店と香港支店からの市場情報は、一八八〇年代の『東京経済雑誌』にも掲載されている。この場合は、郵便を利用して旬刊誌に掲載されたため、発信から掲載まで半月かかったとはいえ、国内商人や生産者・消費者にとっては貴重な情報であったといえよう。

▼**同伸会社**　一八八〇年に、官営富岡製糸所長の速水堅曹、前ニューヨーク領事高木三郎が中心となり、群馬県の星野長太郎・深沢雄象、長野県の大里忠一郎・長谷川範七ら製糸家を集めて結成した生糸直輸出商社。資金難のため一九一〇年解散。

▼**福地源一郎**　一八四一〜一九〇六年。号は桜痴。長崎の医師の家に生まれ、蘭学・英学を学び、幕府使節の一員として渡欧。一八七四年に『東京日日新聞』に入社し、主筆として政府寄りの論説を発表、民権派とは対立した。

こうした日本商社による海外情報の提供と並んで、海外各地に駐在する領事が収集して送ってきた報告が大きな役割を果たした。日本の外務省では世界各地に開設した領事館に通商情報の収集を義務付け、一八八二年七月から『通商彙編《いへん》』としてまとめて刊行するとともに、一八八三年七月に創刊された『官報』の「農工商事項」欄や「外報」欄にも領事報告を掲載した。

領事報告そのものは、先進国イギリスなどでも早くから作成され、その商況年報は一八五四年以降『ブルー・ブック』として毎年一回刊行されており、幕末日本の各開港場のイギリス領事報告は、幕末貿易史の状況を伝える貴重な史料として日本史研究者によって盛んに利用されてきた。当時のイギリスの商工業者にとっては、年一回の刊行では情報が古くなってしまうとの不満があり、一八八六年からは月刊に変更された。

しかし、同年に創刊された日本外務省の『通商報告』が、月三、四回を原則とし、必要に応じて臨時刊行もありうるとしたのに比べると速報性の点で劣っていた。さらに、『通商報告』の場合、内容への質問や調査の依頼が国内商工業者から寄せられれば回答するという情報のフィードバックがあったのに対し、イギリスではそのようなことはなかった。これは、通商の自由主義を掲げるイギリスでは、個々の商品・市場情報は本来関係企業の秘密に属するものであって、国家は干渉すべきではないという理念が強かったためであろう。

こうした領事による組織的な情報収集の欠如が、一八八〇年代以降、世界貿易においてイギリスがヨーロッパ大陸諸国に追い上げられ、やがて両大戦間期に日本との綿製品の貿易競争に敗れる一因となるのである。

ところで、通商情報が速報性を死活条件とするならば、日本の外務省が収集する情報も場合によっては電信によって送られ、国内商工業者のところに伝達される必要が出てこよう。外務省が『通商報告』に代わって一八九四年以降月二回刊行した『通商彙纂《いさん》』は、「近来諸外国トノ交通貿易頓《とみ》ニ頻繁ヲ加へ、殊ニ新設ノ各公館ヨリハ斬新緊切ノ報告続々到達セルニ依リ、是等ノ情況ヲ可成《なるべく》迅速ニ世ニ公ニセン」ために、九七年六月からは月三回の刊行に変更されたが、それと同時に在外公館からの電報が生の形で掲載されるようになった。▲これらの情報は、当時代表的な輸出品であった生糸や茶の売れ行きに密接に関係する最新情報であった。

▼在外公館からの電報の掲載

例えば、第六七号(一八九七年六月十五日発行)には、「仏国ノ或地方ニ於テ上簇《じょうぞく》季前蚕病《さんびょう》発生シタレドモ其損害高ハ明確ナラズ」(六月五日発在里昂《リヨン》領事館電報)とか、「茶ノ輸入税目ニ関スル議事ハ来週元老院ニ於テ開始セラルベク該税金ハ多分廃止セラルベシ」(六月十日発在華盛頓《ワシントン》公使館電報)といった電報が、「電報彙集」という形でまとめて掲載されている。

ワシントンからの電報は、大西洋の海底電線経由でヨーロッパに渡り、シベリアないしインド洋経由で長崎に届いたものが、さらに国内電信の形で東京の外務省に届けられた。アメリカのコマーシャル・パシフィック社によって、サンフランシスコからグアム島を経てマニラまでの海底電線が敷設され、既設のマニラ・香港線を経由して日本・アメリカ間の連結がなされるのは一九〇三年のことであり、日本政府が同社と協力して川崎から小笠原父島経由でグアム島までの海底電線を敷設し、日米間の直接連絡に成功するのは日露戦争後の一九〇六年のことである。

日露戦争での電信の活用と厳しい報道管制

一九〇四〜〇五(明治三十七〜三十八)年の日露戦争の時は、大北電信会社は、長崎・ウラジオストックを結ぶ海底電線の閉鎖を関係国に通知した(有山輝雄『情報覇権と帝国日本Ⅲ』)が、同社の長崎・上海線については、ロシア政府が圧力をかけて閉鎖させたり、第一次大戦時のドイツ海軍のようにロシア海軍が切断することはなかった。

しかし、日本政府は、大北電信会社の海底電線を利用すると軍事・外交機密がロシア側に知られることを警戒し、早くから大北電信会社の海底電線に頼らずに欧米と連絡する方法を用意していた。すなわち、イギリスに発注した海底ケーブルとその敷設船により、一八九六年七月から九七年五月にかけて九州大隈《おおすみ》から沖縄を経て台湾基隆《キールン》に至る海底電線を敷設し、さらに九八年十二月に台湾淡水《タンショイ》と中国福建省川石山《フーシーシャン》との間の海底ケーブルを清国から買収しておいたが、日露戦時には、厳重に警備されたこの回線がイギリスやアメリカとの機密を要する連絡に大いに役だった。

さらに、大本営では、一九〇五年四月二十九日付で、「台北、福州間及長崎、上海間ノ海底線共ニ不通トナリタル時」の海外軍事通信について、日本国内と中国東北部の営口《インコウ》(担当者與倉《よくら》中佐)・中国の首都北京(担当者青木大佐)を経て諸外国に繋ぐという「海外電報取扱注意」(陸軍省編『明治卅七八年戦役陸軍政史』第四巻)を発しており、前記両回線がともに切断・故障した場合の対策まで考えていた。

日露戦争に備えて、日本政府が戦地たるべき朝鮮ないし中国東北部(満州)と内地との電信線の連結に心を砕き、対馬海峡の島々に無線機を備えた望楼《ぼうろう》を築

●──**沖縄丸**　イギリスに発注した海底ケーブル敷設船。1896年 6 月長崎へ回航。

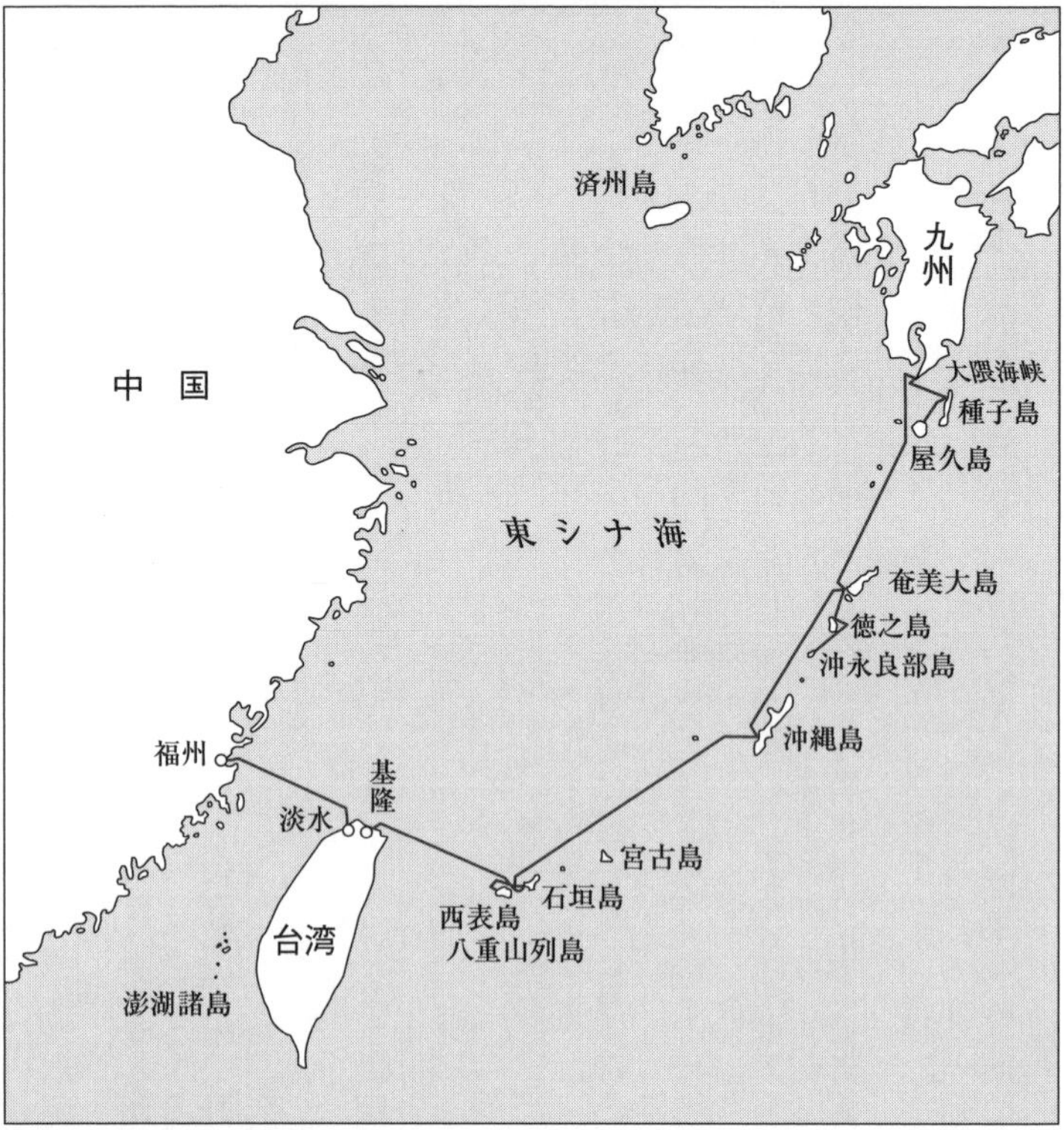

●──日本独自の海底ケーブルのルート

いたこと、さらに軍艦に搭載するための無線電信機の自主開発に山本権兵衛海軍大臣を筆頭とする海軍上層部が中心となって全力をあげ、見事それに成功したことは、とくに日本海海戦の勝因の一つとして指摘されてきた。軍事面での情報技術において、日本はロシアを大きく凌駕していたと言うことができよう。

しかし、国民への戦地の情報の伝達という点では、日本政府と陸海軍はきわめて厳しい報道管制を敷いた。戦いが終わってポーツマスで結ばれた講和の具体的な条件を知った諸新聞と国民の多くが激怒した最大の原因は、大陸での日本陸軍の苦戦振りを全く知らされていなかったことにあった。そもそも講和条件の報道自体が厳しい報道管制のもとに置かれており、一九〇五年八月二十八日の御前会議で償金・割地《かっち》要求を放棄した結果、決裂寸前だったポーツマスの講和会議が一転して現地時間二十九日正午過ぎに妥結したが、その内容を知らせる新聞社の特派員電報は政府の差し押さえにあってなかなか届かず、政府と密着した徳富蘇峰▲の『国民新聞』だけが日本時間三十一日の号外で条約の概略を報道した。

『大阪朝日新聞』は、九月一日付の一面に「御用紙国民新聞の報じたる講和否

▼**徳富蘇峰**　一八六三〜一九五七年。肥後国の郷士徳富家に生まれ、一八八八年東京に民友社を設立し、『国民之友』を創刊、平民主義=平和主義を唱えて言論界をリードしたが、日清戦争を機に帝国主義者に変身した。

請和条件」を黒枠で囲んで掲載し、「天皇陛下に和議の破棄を命じたまはんことを請ひ奉る」と題する社説で、「むしろ今日の和約を破棄して、戦闘を継続せんことを冀《こいねが》い、骨肉糜爛《びらん》して焦土となることを辞せず」という激烈な抗議を行なった。同日の『大阪毎日新聞』も社説で、

「これ豈《あ》に我が帝国に取りては死せる講和にあらずや。アア死体的講和、宜しくまさに弔旗《ちょうき》を掲げ、喪服を着けてこれを迎うべし。一年有半、連戦連勝の結果もまた名誉なるかな。連勝かくのごとき戦争古来これなく、屈譲かくのごとき講和古来これなし。」

と政府の態度を厳しく批判した。

これらとやや異なるのが同日の『東京朝日新聞』で、同紙は社説のなかで「国事を誤る者は当局者也」と政府批判をする一方で、「大々屈辱の大理由」という記事を掲げ、「開戦以来連戦連捷《れんしょう》の我日本帝国は、何が故に今回のごとき屈辱に甘んじてまでも、講和の成立を図らざる可からざりしか」と問うて、経済的・軍事的にみて戦いの継続は困難だという政府と軍の有力者の意見を紹介している。そして、翌九月二日の東京の『国民新聞』になると、

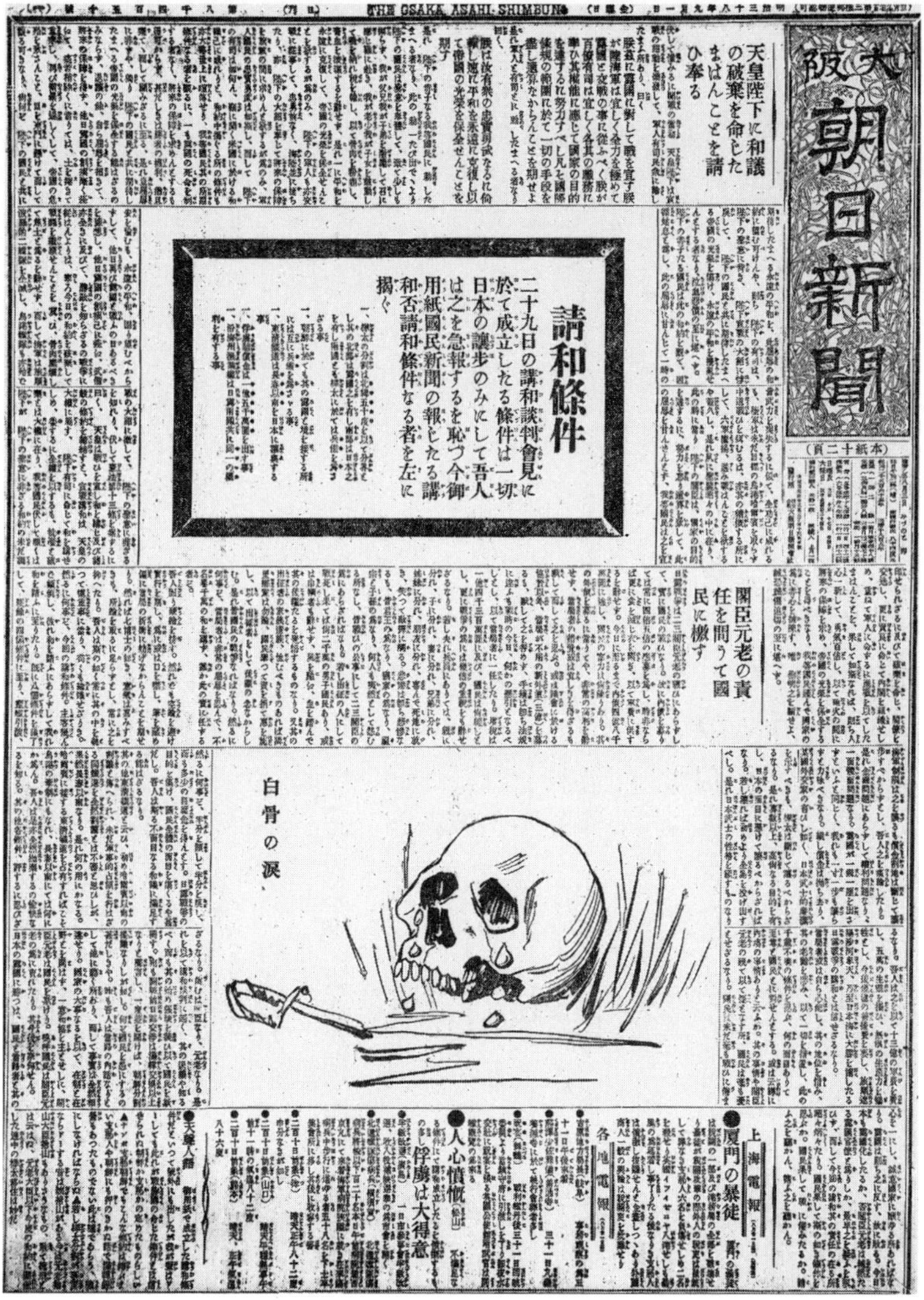
THE OSAKA ASAHI SHIMBUN

大阪朝日新聞

天皇陛下に和議の破棄を命じたまはんことを請ひ奉る

請和條件

二十九日の講和談判會見に於て成立したる條件は一切日本の讓歩のみにして吾人は之を急報するを恥づ今御用紙國民新聞の報じたる講和否請和條件なる者を左に掲ぐ

閣臣元老の責任を問うて國民に檄す

上海電報

厦門の暴徒

人心憤慨

俘虜は大得意

●―ポーツマス講和に抗議する新聞　1905年９月１日付『大阪朝日新聞』。

▼日比谷焼討ち事件　日比谷焼討ち事件は、日露戦争講和条約反対運動の頂点に位置するもの。九月五日の国民大会を政府は禁止したが、数万の民衆が日比谷公園になだれ込んで大会が強行され、警官隊ともみ合う中で暴動化し、交番などを焼討ちしたため、軍隊が出動して鎮圧。

「軍費の賠償を得ずとの故を以って、この大戦争を無限に持続するがごときは、条理の許さざる所なり。頃者《けいしゃ》、世上無責任の言をなすもの多し」

と、政府の立場を弁護した。

東京の中央政府との人的・空間的距離が大きくなるにつれて、戦争の現実についての新聞社自体の正確な情報量が減少し、逆に批判のボルテージが高まっていると言えよう。『国民新聞』は、御用新聞であったために正確な状況判断ができたのであり、その結果、同社は九月五日の日比谷での講和反対国民大会にさいして民衆の焼討ち▲の対象にされたのであった。

日露戦争にさいして各新聞社は競って従軍記者を戦地に派遣しようとしたが、海軍は従軍記者の乗艦を拒否し、陸軍も第一軍から第四軍までそれぞれ一社一人に限定したため、大新聞は懇意な地方新聞の名前を借りて複数の従軍記者を派遣した。しかし、戦地での取材の自由が乏しい上に原稿の検閲が厳しく、とくに外国人特派員の不満が高まった。一九〇四年八月二十八日から九月四日にかけて日露両軍主力がはじめて激突した遼陽《リャオヤン》の会戦で、勝利した日本軍の死傷者はロシア軍のそれよりも多かったため、日本軍左翼の第二軍(奥保鞏《やすかた》司令官)

に従軍していたイギリスのタイムズ紙特派員は、「ロシアの戦術は全体として斬新で、そのため奥将軍は高価な犠牲を払うはめになった」と、まるで日本軍が負けたかのような報告を送り、それが九月九日付の紙面に掲載された。

ロンドンでは高橋是清《これきよ》▲が二回目の公債募集の準備を進めていたが、九月十日の日記に、「日本の公債は弱含みだ。戦場からの朗報は何も無い」(藤村欣市朗『高橋是清と国際金融』上巻)と記している。これでは新しい公債を発行することは不可能である。にもかかわらず、同日高橋のもとに届いた長文の電報で、日本政府は第一回の倍の二億円の外債募集を命じてきた。翌十一日に高橋は東京へ返電しているが、おそらくロンドン市場では日本公債が値崩れしていることも知らせたのであろう。十二日には林董《ただす》駐英公使も外国人特派員への対応について注意せよとの電報を打った。日本政府は、外国人特派員による不正確な報道がロンドンでの日本公債の価格低落を招いている事実に気がついて愕然としたに違いない。

大本営が九月十四日付で満州軍総司令官に対して、

「頃日従軍外国通信員数名中途帰国セシ者、我ニ不利益ナル通信ヲ発シ、

▼**高橋是清**　一八五四〜一九三六年。幕府御用絵師の家に生まれ、仙台藩士高橋家の養子になる。アメリカに留学し、一八九二年に日本銀行入行、九九年から副総裁となり、日露戦争戦費調達のため欧米に出張した。一九一一年日銀総裁。一三年以降くり返し蔵相となるが、三六年二・二六事件で反乱軍により暗殺。

倫敦《ロンドン》新聞紙等ノ論調頓《とみ》ニ変更シ、公債募集其他政略上ニ一大障害ト為ラントスル傾キアルハ甚タ遺憾ノコト」（外務省編『日本外交文書』）

だと述べ、彼らの待遇を改善するよう訓電したのは、戦争を支える資金調達が不可能になるのを恐れてのことであった。この時の大本営の慌て振りは、九月十六日付で重ねて満州軍総司令官に同趣旨の訓電を送ったため、児玉源太郎▲満州軍総参謀長が怒って辞表を叩きつけたという一幕に良く示されている。

しかしながら、報道管制の厳しさ自体はその後もあまり変わらなかった。一九〇四年八月十九日に始まった旅順《リュイシュン》要塞への攻撃については、最初から厳重な報道管制が敷かれていたため、日本人新聞記者にとっては近くの芝罘《チーフー》でロシア側関係者などから取材した伝聞情報が頼りであったが、それもまた検閲で削られる有様であったという。その結果、司令官乃木希典《まれすけ》大将に率いられた第三軍司令部の指揮の無能振りによっていたずらに日本軍が犠牲者を出していた事実や、同年十二月における児玉源太郎総参謀長の異例の介入によって初めて二〇三高地▲の占領に成功した事実などは、国民には全く知らされなかった。

さらに、満州で生じた一九〇四年十月の沙河《シャーホー》会戦▲における第四軍山田支隊の

▼**児玉源太郎**　一八五二～一九〇六年。周防国徳山藩士の家に生まれ、日清戦争では陸軍次官として活躍、戦後は台湾総督、陸相、内相となるが、日露戦争では大山巌満州軍総司令官を助け総参謀長として敏腕を振るった。

▼**二〇三高地**　旅順港を見下ろす要衝であり、ロシア軍はここに堅固な要塞を築いて守っていた。乃木軍は、多大の犠牲を払いつつもなかなか占領できず、進退極まっていた。

▼**沙河会戦**　日露両軍の主力がはじめて衝突した八月の遼陽の会戦のあと、両軍とも戦闘力の回復に努め、十月にロシア軍が攻勢をかけてきた。四日間の激戦の末、日本軍はロシア軍を撃退したが、二万名をこえる死傷者を出し、沙河付近に滞陣したまま越年した。

万宝山《ワンパオシャン》敗戦や、一九〇五年一月の黒溝台《ヘイコウタイ》における戦闘▲での第二軍兵站《へいたん》諸部隊の壊滅、あるいは同年三月の奉天会戦▲で満州軍左翼に展開した第三軍の一部の潰走《かいそう》といった、日露戦争における日本軍のいわゆる三大敗戦についても全然報道されなかった。

大江志乃夫氏の研究によれば、奉天会戦において第三軍による鉄道遮断を阻止するために大逆襲を仕掛けたロシア軍に敗れた第一線の二個旅団が師団司令部のある場所へ向けて先を争って敗走したが、「敗兵の殆ど全部は銃を捨て剣もなく、或者は背嚢《はいのう》や帽子を持って居ない。甚しいのになると脚袢《きゃはん》も靴もなく全く洗足《はだし》のものもあった」と記録されている。これは個人の自発性に欠ける日本軍隊が、攻撃ではその強さを発揮できるのに、逆に防御戦闘となると弱さをさらけ出す事実を示すとともに、旅順攻略で多数の死傷者を出した第三軍が、未熟で年配の補充兵を抱え込んだという日本軍の動員力の限界が露呈されたものと見るべきであろう。

奉天会戦に辛うじて勝利を得たとはいえ、日本陸軍の戦力が限界に達したことを知り尽くしていたのは満州軍の現地軍司令部であった。満州軍総司令官の

▼**黒溝台における戦闘**　日本軍は厳寒積雪期にはロシア軍の攻撃はないと見ていたが、ロシア軍は旅順を攻略した乃木軍が北上する前に一撃を加えようと、一月二十五日に攻勢にでた。日本軍は一万名弱の死傷者を出しつつ撃退に成功した。

▼**奉天会戦**　日本軍二五万は、奉天付近のロシア軍主力三二万を包囲殲滅《せんめつ》しようと、三月一日から総攻撃をかけたが、攻撃は容易に進まず、三月十日に奉天を占領したものの、退却するロシア軍の退路は断てなかった。死傷者は日本軍七万、ロシア軍九万であった。

大山巌《いわお》は、児玉源太郎を東京の大本営に送り、参謀総長山県有朋▲に対して、密かに早期講和の要請をした。山県もそれに先だって桂太郎首相に意見書を提出し、①ロシアは本国にまだ強大な兵力を有しているが、日本はすでに全兵力を使い切っていること、②ロシアはまだ将校が欠乏していないのに、日本は多数の将校を失い容易には補充できないことを指摘し、戦争の継続はもはや困難だとして早期講和を求めていた。こうして四月には政府も講和に向けて動き出すことを決め、五月の日本海海戦における圧勝ののち、ポーツマスでの講和会議に至るのであるが、満州での日本軍の苦戦振りも兵力の枯渇《こかつ》も知らされていなかったために、国民は無賠償講和に猛反対したのであった。

日本が日露戦争に勝利したことは、帝国主義支配からの解放を求める植民地・従属国の人々を勇気付けたが、現実の日本の辿った道は南満州の独占的支配と朝鮮の植民地化の道であった。それが、無賠償講和に憤《いきどお》る日本の民衆への対応でもあったとすれば、日露戦争における権力の情報操作の代償はきわめて大きかったと言わなければなるまい。

▼**山県有朋**　一八三八〜一九二二年。長州藩士の家に生まれ、奇兵隊総督として幕末動乱に活躍し、明治陸軍を創設した。一八八九年・九八年に首相となり、日露戦争時は大山巌参謀総長が満州軍総司令官として戦地へ赴いたため、代わって参謀総長に就任した。

②―国家権力による情報操作と失敗

総合商社の強力な情報収集力

第一次大戦時の鈴木商店と三井物産

幕末の一八五九(安政六)年に開始された当初の日本の対外貿易は、もっぱらイギリスを中心とする外国の商社によって担われていたが、その後、前述のように大倉組や三井物産を初めとする日本商社が進出し、関税自主権が完全に回復された一九一一(明治四十四)年前後には、ほぼ貿易の半分が日本商社によって担われるようになった。貿易は相手のある仕事だから日本貿易を全て日本商社が担う必要はなく、外国商社も日本商社とともに日本の対外貿易を担うのがノーマルな姿といえよう。その意味では、近代日本の政治的な対外自立と経済的な対外自立とはほぼ同時に達成されたと見ることができる。

一九一一年前後に自立を達成したさいの日本商社の代表は、主要な輸出入品をすべて扱った総合商社三井物産であり、生糸輸出では同伸会社ニューヨーク支店を担当していた新井領一郎が設立した横浜生糸合名会社と、横浜最大の生

▼**関税自主権**　関税を相手国に相談せずに自国で決める権限のことで、独立国の主権の一部をなす。幕末における日米修好通商条約の交渉にさいして幕府側が無自覚のまま放棄したため、その回復に明治政府は苦労した。

▼**新井領一郎**　一八五五〜一九三九年。上野国の豪農星野家の五男として生まれ、新井家の養子となる。水沼製糸所を経営する実兄星野長太郎の勧めで一八七六年に渡米し、以後没するまでニューヨークに滞在して生糸取引などで活躍した。

▼**横浜生糸合名会社**　一八九三年に同伸会社を退社した新井領一郎が、貿易商社森村組や横浜生糸売込問屋などの支援を受けて設立。一九二〇年の恐慌後、三菱商事の支援で再建するが、二三年の関東大震災を機に三菱商事系の日本生糸に営業を譲渡した。

糸売込問屋原商店が設立した原輸出店も活躍し、綿花輸入と綿糸布輸出では大阪の綿関係商人らが設立した日本綿花・内外綿・江商《ごうしょう》、機械輸入では大倉組・高田商会などの活動も盛んであった。外国商社は大商社と中小商社が激しく競いつつ活動したのに比較すると、日本商社の数は限られており、少数の大商社が中心となって多数の外国商社を追い上げ追い越して行ったことが特徴的だった。

一九一四(大正三)年七月に第一次世界大戦が始まると、三井物産以外にも神戸の鈴木商店▲や東京の久原《くはら》商事あるいは横浜の茂木《もぎ》合名のように総合商社へと急成長するものが現われ、大戦終了間際の一九一八年五月には三菱商事も誕生した。これらは、近代的な手数料取引の原則を無視して大規模な買占め活動を行ない、一挙に巨利を博して大規模化したものが多かった。

神戸の砂糖引取商から出発した鈴木商店の大番頭金子直吉が、大戦勃発当初の貿易混乱期に、ロンドン支店長高畑誠一へ鉄鋼の無制限買占めを命じる一通の英文電報▲を送り、それによって巨大な利益を上げたことは有名である。大戦ブームに乗った鈴木商店は一九一七年には遂に商品取扱高が一五億円台に達し

▼鈴木商店　鈴木岩治郎が一八七四年頃、神戸で開設した砂糖引取商。九四年に岩治郎が病没した後、妻よねが店主となったが、実際の経営は大番頭金子直吉らが取り仕切った。

▼ロンドン支店長宛電報　Buy any Steel, any Quantity, at any Price(鋼鉄と名のつくものは何でも、どんな値段でも良いから、いくらでも買い集めよ)という電報である。

て、一〇億円台の三井物産を上回ったと言われ、同年秋には金子は、ロンドン支店の高畑に宛てて、

「此戦乱の変遷を利用して大儲けを為し三井三菱を圧倒する乎《か》、然らざるも彼等と並んで天下を三分する乎、是鈴木商店全員の理想とする所也。小生共是が為め生命を五年や十年早くするも縮小するも更に厭《いと》う所にあらず、要は成功如何に在りと考え日々奮戦罷在《まかりあ》り、恐らくは独乙皇帝カイゼルと雖《いえど》も小生程働き居らざるべしと自任し居る所也。ロンドンの諸君是に協力を切望す。」（桂芳男『総合商社の源流　鈴木商店』）

と、自分を敵国ドイツの皇帝と比較しながら、三井三菱両財閥と「天下を三分する」と宣言した。こうした強気一点張りの金子に対して、高畑は翌一八年早々に休戦必至との情報を得て、事業の縮小を進言したが金子は聞く耳を持たず、同年十一月の終戦時に巨額の商品と船舶を抱え込んでいたため大損失を蒙り、鈴木商店はやがて一九二七（昭和二）年に没落する。

これに対して、大戦時の三井物産は、業務の拡大には慎重策を取っていた。例えば一九一六年六月の支店長会議の席上、渡辺専次郎常務は、

「時局ノ為メニ暴騰ヲ重ネタル時局関係商品並運賃等ハ平和克復後多少時期ニハ遅速アルベキモ概シテ暴落ヲ来スベキハ必至ノ数ナルベケレバ……今日ヨリシテ予シメ是等ノ点ニ注意シ向後ノ変遷如何ヲ研究」(『稿本　三井物産株式会社一〇〇年史』上巻)

せよと述べている。こうした慎重策を取りつつ、終戦直前には支店に手持ち品を売り払うようにとの電報が本店から送られた結果、同社全体としては赤字決算を免れたのであった。

このように大戦期の三井物産が慎重な活動方針を採ったのには、大戦直前の金剛《こんごう》事件▲の責任をとって三井物産最高幹部の飯田義一・山本条太郎・岩原謙三が揃って辞職したという偶然も影響していよう。実際には三井物産の各支店が大戦期にすべて本部の指令どおりに動いていたわけでなく、ニューヨーク支店などは大豆油の先物取引に手を出して大儲けを図ったのが裏目に出て多額の損失を生み、シアトル店の利益によって辛うじて埋め合わせるといった失態もあったのであり、大戦直前における幹部の交代がなければ、三井物産全体としても巨額の赤字を出した可能性があったと言わねばなるまい。

▼**金剛事件**　イギリスの兵器会社ヴィッカース社が、アームストロング社と対抗しつつ、巡洋戦艦金剛の注文を獲得しようと、同社代理店三井物産などを通じて日本海軍高官に贈賄した事件。責任を問われて第一次山本権兵衛内閣は総辞職した。

三井物産は支店長に大きな権限を与えており、支店長は手数料取引を原則としつつも、一定の限度内で見込取引を行なう権限を持っていた。中には前述のニューヨーク支店のように限度を超えた見込取引を行なって失敗するケースもあったが、そうした暴走をある程度防いだのは、支店にも本店経由で豊富な情報が伝えられていたことであった。とくに一九一五年に本店業務課内に「情報掛」が新設されてから、そうした情報伝達システムが整備された。

一九二八年に入社した水上達三は、最初高崎派出所に派遣されたときのことについて

「物産の支店や出張所には、本店から主要な書類が全部回ってくるのです。自分のところに関係のないものまでくるので、本店にいたら、ぜんぜん接する機会がない書類まで、派出員だから読むことができた」（日本経営史研究所編『回顧録　三井物産株式会社』）

と回顧しているが、組織の末端に至るまで社員が情報を共有し、全体的な視野をもって活動することができる仕組みが機能していたことがうかがえよう。

▼貿易依存度　国民総生産に対する輸出入額の比率。

経済情報だけでなく政治情報も集めた総合商社

両大戦間期の日本経済の貿易依存度▲は、三〇％台という空前絶後の高さに達し、日本経済は貿易によって牽引されつつ発展した。そのさい流通面から日本商品の国際競争力を支えたのは、日本商社の盛んな活動であった。日本の綿布輸出量は一九三三（昭和八）年にイギリスを抜いて世界第一位となったが、それを可能にしたのは海外の顧客のニーズを徹底的に調べ上げてメーカーに伝えた商社の情報活動であり、ヨーロッパ向け商品の「余り物」をアジアに輸出すれば足りるとしてきたイギリス綿業は日本綿業に圧倒されていった。

日本商社は、インド綿花を貿易港ボンベイでインド商人から購入するだけでなく、一九〇四（明治三十七）年から綿花の産地に社員が入り込み、実綿《みわた》を仕入れて現地で繰綿《くりわた》に加工することによって、安価に日本の紡績会社に供給した点でも国際競争力を押し上げた。

一九三四年に綿布に抜かれるまで輸出の首座を維持してきた生糸の貿易でも、両大戦間期には三井物産や三菱商事といった総合商社が圧倒的な優位を誇った。それらの日本商社は横浜や神戸で生糸を購入するとともに、アメリカで生糸商人や絹織物工場に売り込むという手広い業務を手掛けており、アメリカで注文を受けてから日本で仕入れ、手数料を得るという手堅い方式から踏み出して、日本での相場が安いときに仕入れておき、値上がりしてからアメリカで売るとか、アメリカ相場が高いときに販売の約束をし、値下がりした後に日本で仕入れるという方式が多用されるようになった。

一九二〇年恐慌からは下がり気味の相場に対応して買い付け前に先売りすることが多くなったため、商社としては相場の上昇でなく低下を期待することになる。少数の日本商社が日米双方の生糸市場を押さえている状況の下では、商社側のそうした期待は生糸輸出価格の低下を促進する条件となろう。「生糸輸出商が往々にして我が蚕糸業の怨嗟《えんさ》の的となっている」（本位田祥男『綜合蚕糸経済論』下巻）といわれた理由は、まさにそうした商社活動の特性によるものであった。世界最大規模の生糸メーカーに成長した片倉製糸▲や郡是《ぐんぜ》製糸▲が、独自の販売活動を行なうためには、日本商社に対抗してニューヨークまで進出しなければならなかったのである。

このように両大戦間期ともなれば、経済関係の豊富な情報が総合商社などを

▼**片倉製糸**　長野県諏訪郡の豪農片倉兼太郎が一八七八年に三二釜（＝三二人繰り）の垣外製糸所を設立し、以後一族が協力して経営を拡大、一九二〇年に資本金五〇〇〇万円の片倉製糸紡績株式会社となった時は、一万四六四六釜の設備を擁していた。

▼**郡是製糸**　一八九六年、京都府何鹿郡の波多野鶴吉らが一六八釜の規模で創設、縦糸用の「優等糸」生産を行ない、一九二〇年には資本金二〇〇〇万円、五七二二釜の規模となった。

通じてもたらされるようになった。もっとも、中小商社や零細な生産者にとっては、業界団体や商業会議所などを介して伝わって来る領事報告は依然として重要な意味をもちつづけたが、その役割はかなり低下したと見てよかろう。総合商社が世界的に張り巡らした支店網は、しばしば領事館を上回る政治的情報の収集力を発揮することがあった。

すでに日露戦争の時にも、ウラジオストックに向かうバルチック艦隊が、太平洋を迂回して津軽海峡を通ろうとするか、それとも連合艦隊の待ち構える対馬海峡を通って日本海を突っ切ろうとするか、予測しかねていた連合艦隊にとって、三井物産からの情報は貴重な判断材料であった。

同社の傭船《ようせん》が五月十九日早朝に台湾南方のルソン海峡でバルチック艦隊に出会ったとの知らせが二十三日に入った後、なかなか同艦隊が現われないのは太平洋に迂回したためだと考えた連合艦隊司令長官の東郷平八郎▲大将は、二十五日には今にも津軽海峡方面へと移動する「密封命令」▲を各戦隊司令部に開封＝実行させんばかりになり、第二艦隊の参謀長藤村較一少佐と同艦隊の第二戦隊司令官島村速雄少将の反対で辛うじて踏み止まったところ、運良く二十六日にバ

▼東郷平八郎　一八四七〜一九三四年。薩摩藩士の家に生まれ、一八七一〜七八年イギリス留学後、海軍畑を歩み、舞鶴鎮守府長官の閑職にあったとき、山本権兵衛海相により連合艦隊司令長官に抜擢された。昭和期にはロンドン海軍軍縮条約に反対。

▼密封命令　野村実氏は著書『日本海海戦の真実』で、皇居内にあったために第二次大戦の敗戦時の焼却を免れ、宮内庁から防衛庁に移管された『極秘明治三十七八年海戦史』一五〇巻によって、司馬遼太郎『坂の上の雲』も誤認した二十五日の軍艦三笠での軍議の実相を明らかにした。

ルチック艦隊の運送船が上海に入港したことを知らせる電報が三井物産上海支店等から入ったため、対馬海峡での迎撃態勢を維持したことが最近明らかにされている。

両大戦間期にも三井物産などが重要な外交情報を日本政府にもたらすことがあった。一九二八年から七年間三井物産ロンドン支店に勤務した田代茂樹は、当時を回顧して、「物産の情報は早かったし、正確でもあった」（前掲『回顧録三井物産株式会社』）としつつ、一九三二年の上海事変▲にさいして、取引相手のトップからイギリス政府の考えを伝えられ、本店経由で日本の芳沢謙吉外相に伝達したと述べている。正規の外交ルートによる情報伝達ももちろんあったはずであり、それとの情報の質の違いを検証する手掛かりはないが、日本政府がここでは民間商社を外交情報のひとつのルートとしたことは明白であろう。

▼**上海事変**　満州事変への列国の注意をそらそうと、日本軍が中国人による僧侶襲撃事件を演出し、大軍を派遣したが、学生・市民に支援された中国軍の頑強な抵抗にあい苦戦し、イギリスの仲介のもとに停戦協定を結んだ。

新聞とラジオの報道と宣伝

関東大震災のときに威力を発揮した無線電信

日露戦争にさいして連合艦隊の全艦船に搭載した無線機が、日本海海戦において多大な威力を発揮したため、戦後になると、無線機を民間船舶にも搭載して、船舶同士あるいは船舶と陸上無線局との交信を行なう試みが相次いだ。

一九〇八(明治四十一)年五月には千葉県の銚子に最初の官設海岸無線局が設けられるとともに、同月、三菱長崎造船所で竣工した東洋汽船会社の新鋭客船天洋丸に最初の無線電信局が設けられ、逓信省から派遣された電信局長・局員が執務を開始した。もっとも、五月十六日に横浜から香港へ向かった天洋丸が銚子無線局と試みた無線通信は房総半島の山々に妨げられて失敗に終わり、五月二十七日に横浜からシアトルへ向けて出港した日本郵船会社の丹後丸が初めて銚子無線局との交信に成功した。この時は一一〇海里《かいり》で交信が途絶えたが、以後無線機の改良によって通信距離がぐんぐん伸びて、一九一六(大正五)年にはハワイを中継地として船橋無線局とサンフランシスコとの間で無線電報の取り扱いが始まった。

一九二三年九月一日午前十一時五八分に関東地方を襲った大震災の時は、陸上の交通通信機関が壊滅し、東京湾内の海底電線も切れてしまったが、震災のニュースは横浜港に停泊していた何隻もの船舶の無線機から銚子無線局へと送られ、そこから内外の無線局へと発信された。国内では紀伊半島南端の潮岬《しおのみさき》無線局が、横浜港内の船舶から銚子に向けて発信された電文を午後一時十七分に傍受して、各方面に震災第一報として転電したのが最初であり、以後、銚子無線局は潮岬無線局と連絡しつつ詳しい情報を各地に伝えた。午後九時に横浜港内の船舶から神奈川県警察部長が発した「全市殆ど火の海と化し、死傷何万なるを知らず、交通通信機関不通、水、食料なし、至急救援乞う」という悲痛な電報は、同日夜の大阪での新聞号外にそのまま利用された。

二年半前に完成していた磐城《いわき》無線局は、銚子無線局発の電報をキャッチし、横浜には多数の外国人がいるため外国にも知らせる必要があると判断して、午後十一時に「本日正午横浜において大地震に続いて火災発生。全市街ほとんど炎上し、無数の死傷者出る。交通機関は全て停止」という意味の英文電報▲をサンフランシスコ無線局へ送った。それによる新聞号外が翌日午前に出され、午後にはワシントンでも新聞号外が出たという。

虚偽のメディア報道で始まった満州事変

有線・無線の電信と短距離・長距離の電話の普及によって、情報の伝達速度

▼**磐城無線局が送った電報**
Conflagration subsequent to severe earthquake at Yokohama at noon today. Whole city practically ablaze with numerous casualties. All traffic stopped.

は飛躍的に高まり、伝達の媒体としての新聞が普及し、ラジオ放送が開始された。新聞については、第一次世界大戦以降は『大阪朝日新聞』と『大阪毎日新聞』の二大新聞に代表される全国紙の優位が目立つようになった。もっとも、日中戦争の始まった一九三七(昭和十二)年当時、全国で一四〇〇以上の新聞社があり、アジア太平洋戦争の下での強制的な新聞統合によって五五紙になるので、戦間期には全国紙の優位といっても限界があった。

　無線通信の発達の線上にラジオ放送が現れたのは、一九二五(大正十四)年のことで、最初は東京・大阪・名古屋の三局が独立の公益法人として並立していたが、政府の強い勧奨を受けて翌二六年合同して日本放送協会▲となり、事実上の国営放送機関として活動した。

　近代日本の新聞の特徴は、一八七五(明治八)年に制定された新聞紙条例▲と讒《ざん》謗律《ぼうりつ》▲によって政府批判の記事が取り締まりの対象となったことにある。この規制は、動き始めた板垣退助ら自由民権派を中心とする政府批判勢力の弾圧に大きな威力を発揮した。そのため、政治的立場を鮮明に表明する「政論新聞」はしだいに力を失い、「公正中立な報道」を方針とする「報道新聞」が主流となった。

▼**日本放送協会**　NHKと略称される現在の特殊法人日本放送協会の前身。放送の全国組織化を目指して活動し、一九三四年には政府の働きかけで番組編成の全国一元化の方向が打ち出された。

▼**新聞紙条例**　明治時代の定期刊行物取締法規の総称。政治上・社会上の理由で発禁処分や刑事罰がなされ、不服申立ての方法はなかった。一九〇九年の新聞紙法に継承される。

▼**讒謗律**　官吏や一般人の名誉を保護するためのものだが、実際には政府批判の言論を封殺するために利用された。一八八〇年公布の旧刑法に吸収され廃止。

しかし、政治報道における中立という立場は、時々の政治対抗によって移り変わるものにすぎず、それ自体が一つの政治的立場に他ならないことに目をつぶった虚偽意識というべきであろう。また、「公正中立な報道」を文字通りの意味で実行しようとすると、時の権力者などの行なう発表の真偽についての裏付けをとるために、大変な努力と危険を覚悟しなければならないはずであるが、新聞報道の実態はそれとは程遠いものであった。

この点を鮮明な形で示したのは、一九三一(昭和六)年九月十八日に始まった満州事変の報道であった。事変のきっかけとなった奉天(現瀋陽《シェンヤン》)郊外の柳条《りゅうじょう》湖《こ》付近における満鉄爆破事件▲が関東軍による謀略であったことは、一九五六年に首謀者の一人であった奉天特務機関の花谷正《はなやただす》▲少佐の回想「満州事変はこうして計画された」が発表されたときに初めて確認された。それには、事件の真相が次のように述べられている。

「島本大隊川島中隊の河本末守中尉は、鉄道線路巡察の任務で部下数名を連れて柳条溝〔正しくは柳条湖〕へ向った。北大営の兵舎を横に見ながら約八百メートルばかり南下した地点を選んで河本は自らレールに騎兵用の小

▼満鉄爆破事件　いわゆる柳条湖事件(当時は誤って柳条溝事件と報道された)の首謀者が、一九二八年十月に関東軍作戦主任参謀として赴任した石原莞爾中佐と翌年五月に高級参謀として赴任した板垣征四郎大佐であることは今日明白である。ただし、関東軍がなぜこの時点で事件を引き起こしたかの分析は不十分であり、最近では国際連盟による大規模な軍縮会議の接近に伴う国内外での軍縮ムードの高揚への日本陸軍の危機感が改めて注目されている。

▼花谷正　一九二八年三月に関東軍参謀として赴任し、奉天特務機関に勤務しつつ石原らの計画に加わる。事件当夜は関東軍を抑制すべく参謀本部から派遣された建川美次少将を料亭で接待していた。

型爆薬を装置して点火した時刻は十時過ぎ、轟然《ごうぜん》たる爆発音と共に、切断されたレールと枕木が飛散した。といっても張作霖《ちょうさくりん》爆殺▲の時のような大がかりなものではなかった。今度は列車をひっくり返す必要はないばかりか、満鉄線を走る列車に被害を与えないようにせねばならぬ。そこで工兵に計算させて見ると、直線部分なら片方のレールが少々の長さに亘って切断されても尚高速力の列車であると一時傾いて、すぐ又走り去ってしまうことが出来る。その安全な長さを調べて使用爆薬量を定めた。爆破と同時に携帯電話機▲で報告が大隊本部と特務機関に届く。地点より四キロ北方の文官屯に在った川島中隊長は直ちに兵を率いて南下、北大営に突撃を開始した。」（『別冊知性5　秘められた昭和史』所収）

この回想が発表されるまでは、東京裁判においても柳条湖事件の真相は明らかにされず、一九三一年の事件当時は、関東軍の虚偽の発表がそのまま新聞とラジオによって国民に大々的に伝えられた。マスコミが「公正中立な報道」を方針とするならば、まず事実の確認が必要であるはずであるが、新聞もラジオも関東軍の発表を鵜呑みにして発表したのである。九月十九日午前六時三十分の

▼**張作霖爆殺**　一九二八年六月四日、関東軍参謀河本大作らが北京から戻る張作霖の乗った列車を奉天近くで爆破し、張作霖を即死させた事件。

▼**携帯電話機**　日本では一九一六年に世界に先駆けて無線電話による公衆電報・船舶通報を扱う実用無線電話が開始され、陸海軍でも独自な開発を行なっていたから、ここでの携帯電話機は無線である可能性が高い。

ラジオ体操の時間に、日本放送協会は初めての臨時ニュースとして事変発生の報道を行なった。以後、度々臨時ニュースが流され、速報性の点で新聞を圧倒したため、新聞社から中止を申し入れたが無視されたという。

『大阪毎日新聞』が九月十九日に発行した号外は、「支那軍満鉄を爆破し、奉天の日支両軍激戦中、敵勢益々加はり一部苦戦、我軍遂に奉天城攻撃開始」と題して、「十八日夜十一時廿分ごろ奉天北大営付近において支那軍隊は突如わが満鉄線路を爆破したので、わが鉄道守備隊はこれを阻止せんとして衝突」と伝えたが、実際は前述の花谷回想にあるように関東軍の河本中尉らが十時過ぎに爆薬を仕掛け、爆音を聞いて北大営から飛び出してきた中国兵を河本らが射撃、十一時二十分ごろ鉄道守備隊が北大営を本格的に攻撃したのであった。

問題は、その後の新聞論調の急激な変化である。最初は、たとえば九月二十日付の『時事新報』社説が、「今度の事件は全く支那兵の暴戻《ぼうれい》なる行為に発したのであると云へば、此突発の急変に処するに、我も亦兵力を以て応ずるの已むなき次第は、内外ともに諒解する」としつつも、「之を以て事件の一段落とし、今後は一に外務当局者の善処に待つ可きものであると信ずる」と、外交交渉に

大阪毎日新聞

昭和六年九月十九日　號外

支那軍滿鐵を爆破し
奉天の日支兩軍激戰中
敵勢益々加はり一部苦戰
我軍遂に奉天城攻撃開始

奉天本社特電【十八、九日發】

【第一報】十八日夜十一時[illegible]分ごろ奉天北大營附近において支那軍隊は突如わが滿鐵線路を爆破したので、わが鐵道守備隊はこれを阻止せんとして衝突し事態は急轉直下して日支開の戰闘狀態に陷り、奉天のわが駐劄隊獨立守備隊は直に武裝して現場に急行するとともに、駐劄隊備附の大砲は遂に火蓋を切つて、北大營に向つて砲彈を浴せ現場における日支兩軍も銃火を交へつゝあり、砲聲は殷々として夜陰に物凄く、獨立守備隊駐劄隊は上を下への大騷ぎで附屬地内の在鄉軍人自警團は直に春日公園に集合警備についた

先づ小西邊門へ
わが第○聯隊進撃

【第二報】わが駐劄第○大隊の一部は追撃砲を携へ支那兵工廠方面に向け行動を開始した、また奉天城内[illegible]部隊は零時五十分[illegible]

出發駐劄聯隊本部附聯隊長[illegible]大佐は午前一時出發、小西邊門に前進した、十間房方面では一時廿分日支兩軍衝突盛んに銃火を交へつゝあり、同方面附屬地の人家は全部燈火を滅し戰々兢々としてゐる

【第三報】柳條溝の日支衝突の急を聞き川島大尉の率ゐる虎石台の守備隊一中隊は直に出動、これと應戰一時これを撃退、北大營の北部を占領したが敵勢ますく増加し約一千の敵軍に[illegible]される一方その砲撃を受け、午後十一時（十八日）全く苦戰に陷つた、奉天獨立守備隊大隊も直に現地に出動、また遼陽のわが軍にも出動を命じた

北大營兵營を占領す

【第四報】支那軍の猛烈なる砲撃に對しわが軍も大砲の火蓋を切つて應戰午前零時半北大營の支那兵營を占領した

【第五報】[illegible]

【第六報】[illegible]

この號外は本紙に再錄しませぬ

【第七報】午前零時北大營[illegible]本隊は北大營正門を占領、引續き攻撃中、午前一時廿五分同東端を占領した、[illegible]

現場は奉天北方
約一里半の文官屯

大連本社特電【十九日發】

[illegible]

敵軍の進撃を遮る――奉天城の小西門

【裏面へつゞく】

●――満州事変勃発を報じる新聞号外　1931年９月19日付『大阪毎日新聞』号外。

大阪毎日新聞

昭和六年九月廿六日 號外

滿鐵線路爆破現場

と現場に遺棄された支那兵の武器

（廿四日本社特派員撮影）

【寫眞說明】

①柳條溝の滿鐵線路爆破の現場（×印）背景は奉天市街（北大營附近）

②爆破された個所（既に修繕を終つてゐる）

③爆破された軌條と枕木ならびに現場に遺棄された支那兵の小銃と軍帽

④現場近くで發見された支那兵の爆死體

この寫眞は本紙に再錄しませぬ

【裏面にもあります】

●──満鉄爆破現場を報じる新聞号外　1931年９月26日付『大阪毎日新聞』号外。

▼内田良平　一八七四〜一九三七年。福岡市生まれ。大陸に関心をもち、一九〇一年黒竜会を創設。日露開戦、韓国併合、満蒙独立を唱え、満州事変にさいしては関東軍支持を声明。

処理を委ねるべきだと主張していたのに、関東軍の軍事行動がエスカレートし、それと連携しての朝鮮軍の独断越境が行なわれると、各紙ともそれを追認し、強硬策をとれと逆に関東軍を煽《あお》るようになったのである。

たとえば、当時最大の発行紙数をもつ『大阪毎日新聞』は、九月二十七日の社説で、「今回我国の取れる軍事行動の妥当性については、一毫《いちごう》の疑義もない」としつつ、「我国の取るべき正道は何だ。いふまでもなく、国家の威信を保持し、あくまで支那の非違を責め、支那の反省改悟するまで、その手を緩めないことである」と主張した。『大阪朝日新聞』も十月一日には「満蒙の独立、成功せば極東平和の新保障」という社説を掲げ、中国ナショナリズムを肯定し満州は中国の一部だとする従来の主張を一八〇度転換した。

この転換の背後には、九月二十四日夜、右翼団体黒竜会の最高幹部内田良平▲が、参謀本部の意を受けつつ突然大阪を訪れ、『大阪朝日新聞』の調査部長井上藤三郎と会い、同社幹部へのテロもありうることを匂わせながら社論の転換を強要した事実があった。

これらの主張や転換が、事件は中国側が仕掛けたという関東軍発表を前提としていたとすると、発表内容の虚偽を見抜けなかったことの代償は限りなく大きかった。もっとも、江口圭一氏の研究によると、『大阪毎日新聞』では記者を九月二十二日に満州へ派遣し、鉄道爆破が関東軍の陰謀であることに気付いたが、もはや動き出した流れを変えることができなかったというから、ある程度まで謀略の事実を知りながら虚偽の宣伝に荷担したことになろう。九月二十六日の同紙号外は、二十四日本社特派員撮影という爆破現場の写真を掲げて、いかにも関東軍の発表した話が事実であったかのような報道を行なっているのである。

実を言えば、外務省にも、奉天総領事林久治郎が、九月十九日付の幣原喜重郎外相宛の至急極秘電報で、

「満鉄木村理事ノ内報ニ依レハ支那側ニ破壊セラレタリト伝ヘラルル鉄道箇所修理ノ為満鉄ヨリ保線工夫ヲ派遣セルモ軍ハ現場ニ近寄セシメサル趣ニテ、今次ノ事件ハ全ク軍部ノ計画的行動ニ出テタルモノト想像セラル」

(外務省編『日本外交年表竝主要文書』下巻)

と、事件の謀略性について伝えて来ていた。

しかし、九月二十日の『東京日日新聞』夕刊が報道した「林奉天総領事より外務省への公電」は、

「事変勃発の直接動機となったのは十八日午後十時三十分頃北大営所属の支那兵約三百名が柳条溝の鉄線路の爆破を企てつつあったのをわが鉄道守備隊が発見せる処支那兵側より発砲せるためこれに応戦、両軍の間に衝突の不幸を見るに至ったもので、事態の重大化に奉天当局も頗《すこぶ》る狼狽《ろうばい》せるものか交渉委員より総領事館に宛て電話を以て日本軍の攻撃中止方に関し懇請を求め来った」

という、関東軍の発表を鵜呑みにした内容であり、それを外務省が国民に対して裏書する役割を果たすことになった。

ここに見られるのは、事件を関東軍の謀略ではないかと疑いつつも、そうした疑惑の当否を確認するという報道上の当然の努力を重ねないままに、日本側の軍事行動の正当性を論じて行くジャーナリズムの姿であり、また、関東軍の暴走を阻止できないばかりか、その暴走を正当化するような「公電」をジャーナリズムにあえて公表する外務省の姿である。

みずからをも欺いた大本営発表

客観的な情勢判断ぬきで対米開戦へ

虚偽の報道とともに始まった満州事変は、一九三七（昭和十二）年には日中全面戦争に発展し、さらに一九四一年にはアジア太平洋戦争へと展開した。中国を相手に一〇〇万の大軍を投入しつつも勝利の見とおしが得られない日中戦争を継続しながら、新たに米英蘭三国を相手に戦いを始めるのは、今から見れば無謀としか言いようがないが、日米開戦を避けるための外交交渉で最後まで対立したのが中国からの日本軍の撤兵問題であったことが示すように、アジア太平洋戦争は日中戦争の延長上に出現したのである。

日本の最大の貿易相手国であり、一〇倍の工業生産力をもつアメリカを敵に回して勝ち目があるのかについては、政府首脳は全く自信がなかった。「物的戦力」についての最高責任者の企画院総裁であった鈴木貞一は、戦後のインタビューに答えて、

「ひとは『無謀な戦いをした』と、『物がたりないのにいくさした』というが、僕からいうと、物がたりないから戦争になった。経済封鎖をくらって、だ

▼**企画院**　日中戦争開始直後の一九三七年十月に、近衛内閣が企画庁と資源局を統合して設置した、戦時統制経済を推進する中枢機関。

▼**鈴木貞一**　一八八八〜一九八九年。稲葉秀三・和田博雄らが治安維持法違反で逮捕された企画院事件の後、一九四一年四月に企画院総裁に就任。一九一七（大正六）年陸大卒で、「大陸通」として知られた陸軍中将。

んだん詰まってきて追い詰められて窮鼠《きゅうそ》猫をかむという、そういうような状況ですね」(安藤良雄編著『昭和経済史への証言』中巻)と述べている。アメリカによる対日石油禁輸を解除するための条件が、日本軍の中国からの撤兵であったが、東条英機陸相は撤兵要求に応ずることには絶対に反対であった。

実は陸軍内部では自発的な撤兵方針が定められていたのであるが、日米交渉が撤兵を問題にするや陸軍は反対に回ったのである。一九四一年十月十二日の五相会議で「戦争に私は自信がない」という近衛文麿首相に対して、東条陸相は、中国での「駐兵問題は陸軍としては一歩も譲れない。……退却を基礎とすることは出来ぬ。陸軍はガタガタになる」として、日米交渉での譲歩に反対した(江口圭一『十五年戦争小史』)。日米交渉の結果として中国から撤兵すると、陸軍そのものが崩壊するというのであり、東条陸相は、陸軍の自己保存のためには日本国民を対米戦争に巻き込むことも辞さないという立場を押し出したと言えよう。国民を守るための軍隊が、自己保存のために国民を破滅に追いやることになるのである。

▼**五相会議**　一九三三年十月から三九年八月にかけて開かれた首相・蔵相・外相・陸相・海相からなる有力閣僚会議を指すのが普通だが、一九四一年のこの場合は、蔵相でなく鈴木貞一企画院総裁が出席している。

▼**近衛文麿**　一八九一〜一九四五年。五摂家の一つ公爵近衛篤麿家の長男に生まれる。一九一七年京都大学を卒業し、三三年貴族院議長。三七年六月第一次、四〇年七月第二次、四一年七月第三次近衛内閣を組織した。四五年十二月服毒自殺。

もっとも、陸海軍の首脳がアジア太平洋戦争の勝利の見とおしについて全く考えてなかったわけではない。一九四一年十一月十五日の大本営政府連絡会議▲が決定した「対米英蘭戦争終末促進ニ関スル腹案」には、

「速ニ極東ニオケル米英蘭ノ根拠ヲ覆滅《ふくめつ》シテ自存自衛ヲ確立スルト共ニ、更ニ積極的措置ニ依リ蒋政権ノ屈服ヲ促進シ、独伊ト提携シテ先ズ英ノ屈服ヲ図リ、米ノ継戦意志ヲ喪失セシムルニ勉ム」(『日本外交年表竝主要文書』下巻)

とある。まず東南アジアの資源を押さえるとともに中国を降伏させ、さらにドイツ・イタリアと提携してイギリスを降伏させれば、孤立したアメリカは戦争を続ける気がなくなるだろうという楽観的な見とおしである。

この見とおしの基礎には、ドイツの軍事力の圧倒的優位に対する信頼と期待があった。すでに事実上アメリカと戦っているドイツも、日本がアメリカと妥協せずに開戦することを期待していた。こうしたドイツ側の期待とドイツ軍についての過大な評価を伝えてきたのが、駐独大使大島浩▲陸軍中将であった。例えば一九四一年十一月十一日付の電報には、

▼大本営政府連絡会議　戦争指導の一元化をはかるために設けられた大本営と政府の協議体。日中戦争が全面化した一九三七年十一月から開かれ、とくに重要な会議には天皇も出席する御前会議の形をとった。この時の会議には天皇は出席していないが、一〇日前の十一月五日には御前会議が開かれ、対米英蘭戦争の開戦を事実上決定していた。

▼大島浩　一八八六〜一九七五年。陸軍軍人大島健一の長男に生まれ、ドイツ語を叩き込まれ、一九一五年陸大卒。三四年からドイツ大使館付武官として外務省を引きずって日独防共協定を成立させ、三八年駐独大使となり日独伊三国同盟の方向を追求した。

「ドイツは計画通り厳冬期前にソ軍に殲滅《せんめつ》的打撃を与え、ソ連を再起不能の状態に陥らしむるを得べく……今日と雖《いえど》も其の方針に毫《ごう》も変化なきは、『ヒ』総統、『リ』外相の累次の本使に対する言明に徴しても明らかなり」（堀栄三『大本営参謀の情報戦記』）

と、今にもソ連が降伏しそうな話を、ヒトラー総統やリッベントロップ外相からの直接の情報として伝えてきている。

大島からのこうした度重なる情報が、アジア太平洋戦争についての日本軍部の希望的予測に影響したことは間違いないが、大島からの情報が根拠を欠くものであったことは、日本軍がドイツ軍の優勢を信じたまま対米英蘭開戦に踏み切った十二月八日に、三度にわたるモスクワ正面攻撃に失敗したヒトラーが攻撃の停止を命じた事実がよく示している。▲後知恵になるが、昭和天皇も「独乙の国力を過大評価した」点について、「これには大島大使の責任が大きい」という批判を加えているのである（寺崎英成ほか編著『昭和天皇独白録、寺崎英成・御用掛日記』）。

ところで、十二月八日の真珠湾攻撃▲は、アメリカ大統領ルーズベルトにとっ

▼**ゾルゲからの情報**　モスクワのソ連軍が総反撃に出た背景には、シベリア方面に配備していた三〇個師団の精鋭部隊の過半を引き揚げてモスクワ戦線に投入した事実があった。この戦力移転を可能にしたのは、ドイツ生まれの共産党員で新聞記者のリヒャルト・ゾルゲが日本から送った「日本陸軍は年内のソ連攻撃を断念した」という極秘情報であった。

▼**真珠湾攻撃**　十一月二十六日エトロフ島ヒトカップ湾を出撃した日本機動部隊の航空母艦六隻から発進した爆撃機が、十二月八日未明ハワイのオアフ島真珠湾に集結していたアメリカ太平洋艦隊に加えた攻撃。

ては予期せぬ奇襲攻撃ではなく、事前に攻撃計画を知っていたのではないかという議論がある。もしも知っていたとすると、ルーズベルトは対日独戦に消極的なアメリカ国民を動員するためにあえてその情報をハワイ現地当局に知らせず、奇襲を行なわせたという謀略説が成立する。この問題について、今野勉氏は、謀略説のいうアメリカによる連合艦隊の十一月二十六日発の電令の傍受は、問題とする電令そのものが実在しなかったこと、それにもかかわらず不確かな情報によって、ルーズベルトは真珠湾奇襲を予測し期待している状況にあったことを実証した。おそらくそのとおりであろう。

情報無視のもとでの無謀な作戦指導

ここで注目したいのは、日本軍の暗号電報の大部分がアメリカやイギリスの情報部によって開戦前に解読可能になっており、開戦時には未解読だった日本の「海軍暗号書D」も翌一九四二(昭和十七)年五月までに解読に成功し、そのことが四二年六月のミッドウェー海戦▲において劣勢のアメリカ海軍が勝利する原因になったこと、四三年四月に連合艦隊司令長官山本五十六大将が南太平洋のブーゲンビル島周辺の前線基地を視察したさいに、連絡の海軍暗号電報がアメ

▼**ミッドウェー海戦**　北太平洋のミッドウェー島基地を攻撃することによって、真珠湾攻撃で撃ち洩らしたアメリカ航空母艦群を誘い出して撃滅しようとした作戦。基地攻撃に集中しているうちに米空母に逆襲されて大敗した。

リカ軍によって解読され、長官の搭乗機が待ち伏せた米軍機によって撃墜されたことである。

このとき、アメリカは、暗号を解読したことを隠すため、偶然に長官機に遭遇したという報道を行なったため、日本海軍当局は調査の結果暗号が解読された形跡はないと判断したというから、まんまと虚偽の報道に引っかかったことになる。もちろん日本軍もアメリカ側の暗号についてはかなりの程度まで解読していたといわれるが、開戦一カ月後にはアメリカは暗号を全面的に改変したため、以後日本側による解読は不可能になったという。

前述のミッドウェー海戦において日本海軍は主力空母四隻と巡洋艦一隻を失うという重大な損害をこうむったのに対し、アメリカ海軍は三隻の空母のうち失ったのは一隻だけであった。初めての惨敗に狼狽した大本営は、失った空母を一隻、大破した空母を一隻とし、アメリカ空母二隻を撃沈したという虚偽の発表を行なった。以後、しだいに大本営発表は敗戦の事実を歪めるものと化していく。それは、国民の戦闘意欲が無くなることを恐れての情報操作であったが、虚偽の発表はしだいに大本営の作戦行動自体を歪めるという予期せぬ結果

▼清沢洌　一八九〇～一九四五年。長野県の富農の家に生まれ、一九〇六～一八年アメリカに留学、帰国後新聞記者となるが、右翼の攻撃を受けて退社し、フリーの評論家として活躍。『外交史』(一九四一年)を刊行。

をもたらすようになる。

四三年十一月に合計一〇次にわたって行なわれたブーゲンビル島沖とギルバート諸島沖での海軍航空作戦の戦果は、大本営海軍部の発表によると戦艦三隻、空母一四隻、巡洋艦九隻を撃沈するという大戦果であり、これが正しければアメリカ太平洋艦隊の空母は全滅したことになるというので、日本中が沸き立った。硬骨の自由主義評論家清沢洌《きよし》▲は、同年十二月二十三日の日記に、

「小汀(利得)は、日米戦争は、いい加減なところで妥協するといっている。この事情通を以てして、その程度の楽観だ。意は、ギルバート海戦において敵に打撃を加えたから、それでヘトヘトになるというのである」(清沢洌著・山本義彦編『暗黒日記』)

と苦々し気に記した。実際にはアメリカの空母は一隻も沈んでおらず、孤立させられたギルバート諸島では守備隊五〇〇〇名が全滅し、ブーゲンビル島ではガダルカナル島の二万名を上回る四万名前後の戦死者を出すことになる。

大本営海軍部の発表に対して、情報参謀のなかには疑問を抱く者もいた。四四年十月の台湾沖航空戦のときに、実際には巡洋艦二隻を大破しただけだった

にもかかわらず、海軍部は、「赫々《かくかく》・台湾沖航空戦」という見出しで「空母十九、戦艦四等　撃沈破四十五隻、敵兵力の過半を壊滅」という大戦果を発表、小磯国昭首相は十月二十日に日比谷公会堂で開かれた国民大会において、「勝利は必ずや我が上にある」と絶叫し、各地で祝賀の提灯行列が行なわれた。

しかし、陸軍情報参謀の堀栄三少佐は、鹿児島県の鹿屋《かのや》飛行場に帰ってきたパイロットに直接質問し、彼等の戦果報告がほとんど信用できないことを確認した。アメリカ海軍の電波を傍受した海軍部情報参謀の実松謙中佐も戦果は誇大だと述べたが、作戦参謀たちは全く聞く耳を持たなかった。こうした「大戦果」を前提にして、大本営陸軍部は、堀参謀の報告を受けて渋る山下奉文《ともゆき》▲大将に、ルソン島での決戦に準備した部隊を南のレイテ島に送り込んで、アメリカの「敗残部隊」と決戦することを命じ、むざむざと一〇万の戦死者を出したのである。

このように見てくると、過大な戦果を発表することによって国民を欺《あざむ》いた大本営は、実はみずからも正確な戦果を把握できていなかったことが分かるのであり、そうした不正確な戦果の発表によって自分自身をも欺いていたのであっ

▼**山下奉文**　一八八五〜一九四六年。高知県生まれ。一九一六年陸大卒。一九四一〜四二年にシンガポール攻略戦を指揮し、四四〜四五年にはフィリピン防衛に当たった。四六年刑死。

●——台湾沖航空戦の「大戦果」報道　一九四四年十月二十日付『朝日新聞』。

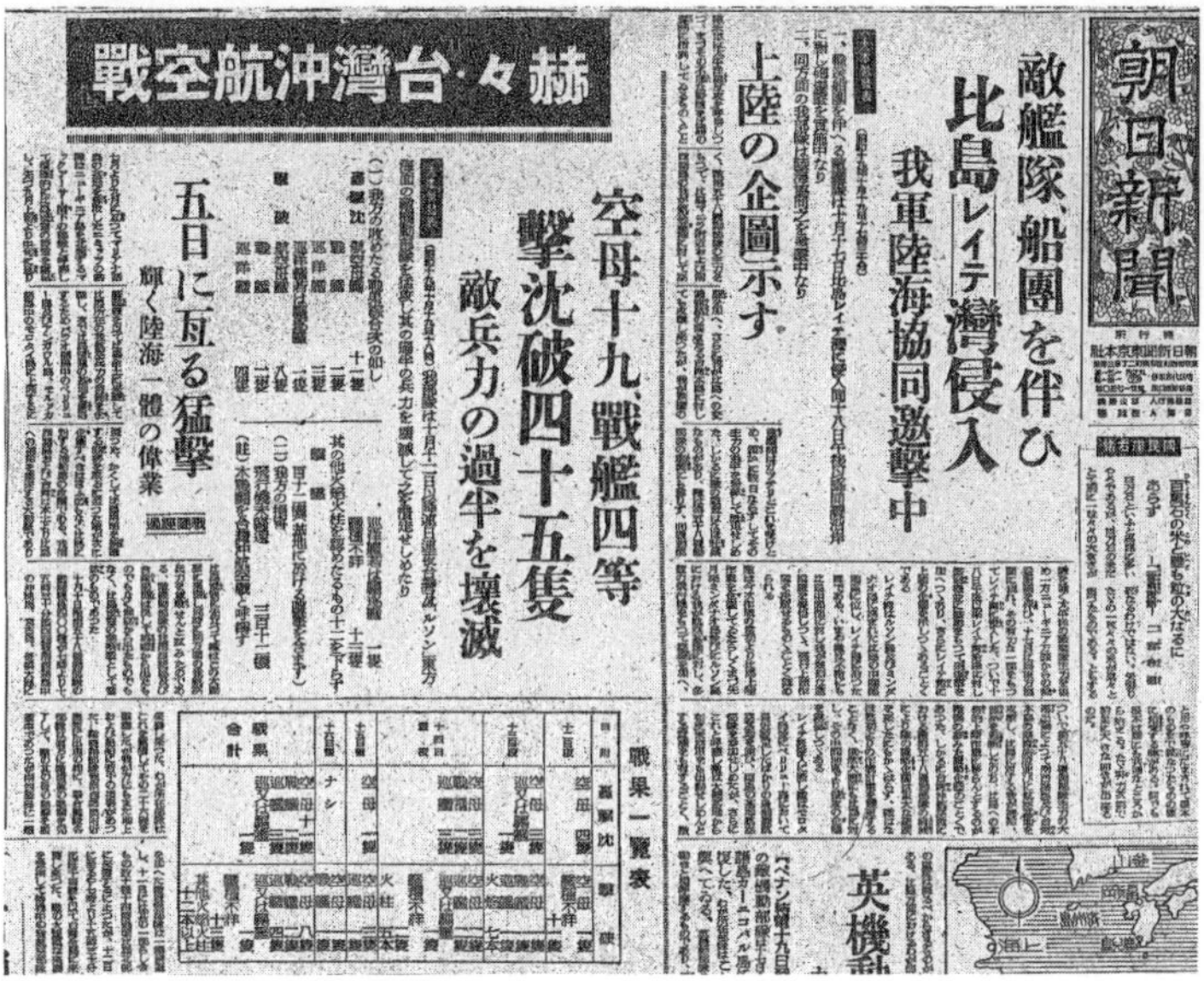
朝日新聞

敵艦隊、船團を伴ひ
比島レイテ灣侵入
我軍陸海協同邀撃中

上陸の企圖示す

赫々・台灣沖航空戰

空母十九、戰艦四等
撃沈破四十五隻
敵兵力の過半を壞滅

五日に亙る猛撃
輝く陸海一體の偉業

戰果一覽表

●——国民大会で勝利を絶叫する小磯首相　一九四四年十月二十一日付『朝日新聞』。

沸る驕敵粉砕の闘魂

一億憤激米英撃摧國民大會

擧國たゞ追撃的増産

決戰は序の口、滅敵へ反復猛攻

小磯首相大獅子吼　勝利は誓って我に

社說　先登精神の華

盟邦ドイツへの敬禮

宣言

た。正確な事実を確認しつつ、そうした情報を前提に作戦を立てるという基本的なことが、当時の日本陸海軍にできなかったのは、なぜであろうか。

谷光太郎氏は、作戦参謀が情報参謀の提供する客観的な情報を無視し、主観的な判断に終始したのは、陸軍大学・海軍大学の成績優秀者からなる彼ら作戦参謀の受けた教育が、敵の所在や兵力を前もって知らされる演習ばかりだったため、苦労して情報を収集し分析する思考パターンが身につかなかったためだと指摘している。そうした意味での成績が優れた者のみが作戦部門に配置され、やや成績の劣る者が情報部門に回されるという学歴偏重型の人事システムが、作戦参謀の横暴を野放しにし、軍のトップに上り詰めた成績優秀者の多くも情報参謀の意見に無関心であり、独断的な作戦参謀の言いなりであったという。

さらに、作戦が失敗した場合に、日本の陸海軍には失敗の原因を点検し改善策を考える姿勢が欠けていた。例えば、一九三九年のノモンハン事件▲は、ソ連軍の強力な近代的火力・機動力についての事前情報による警告を無視し、偵察飛行も怠った関東軍作戦参謀の服部卓四郎中佐・辻政信少佐らが強引な作戦指導を行なった結果、無残な大敗を招いたのであるが、彼らはいったん退任した

▼**ノモンハン事件**　満州国とモンゴル人民共和国の国境に接するノモンハンで生じた日ソ両軍の武力衝突事件。関東軍が大部隊を投入し、大本営に無断で後方空軍基地を爆撃したところ、ソ連軍は優勢な空軍・機械化部隊によって反撃し、関東軍に大打撃を与えた。第二三師団の死傷者は七〇%台に達し、第一線の連隊長級の将校の殆どが戦死するか自決した。

あと、四一年七月には参謀本部作戦課に返り咲き、アジア太平洋戦争の作戦指導に当たることになる。

この点について、当時陸軍省人事局補任課長であった額田坦《ぬかたひろし》は、現地視察をした野田人事局長が辻参謀を予備役に編入せよと述べたにもかかわらず、参謀本部と打ち合わせの結果、「結局将来有用の人物として現役に残す」ことになったと記している。▲その結果はどうであったか。参謀本部作戦課において一九四二年のガダルカナル作戦▲を指導した服部と辻は、アメリカ軍の圧倒的な火力を無視しつつ、小出しに兵力を逐次投入するというノモンハン事件と同様の失敗を重ね、対米戦での陸軍大敗北の画期をもたらしたのである。

海軍の場合も、例えばミッドウェー海戦のあとで、通常開かれる作戦戦訓研究会が開かれなかったことに示されるように、失敗から学ぶ姿勢を欠いていた。関係者の回顧によると、もう皆十分反省しているので、敢えて突っついて屍《しかばね》に鞭《むち》打つ必要はないと考えたとのことであるが、そうした反省を付き合わせて失敗を繰り返さないためにはどうすれば良いかという議論が全くなされなかった。それだけではない。敗北の事実を覆い隠したため機動部隊の南雲忠一司令長官

▼**額田の回想**　額田は著書『陸軍省人事局長の回想』のなかで、こう記している。参謀本部も強気一点張りの関東軍の暴走を押さえきれなかった点で同罪だったためであろう。半藤一利『ノモンハンの夏』参照。

▼**ガダルカナル作戦**　日本軍は、アメリカとオーストラリアの連絡を切断しようと、西南太平洋のソロモン諸島のガダルカナル島に飛行場を作った。アメリカ軍はその活動を阻止しようとガダルカナル島に上陸、激しい戦闘の末、日本軍は撤退した。

ら責任者の責任追及も行なわれず、一部生還した沈没四空母の乗組員は情報漏れを防ぐため隔離され、一時軟禁状態に置かれたと言われる。こうして日本海軍は、立ち直る契機をつかむことができないまま、没落への道を辿ったのである。

③——国家・企業情報の独占と公開

国家と企業における情報の共有

キャッチアップ過程での経済情報の共有

これまで、第二次大戦前の後進資本主義国日本では、初めのうちは政府が市場についての膨大な情報を収集し、民間企業がそれを利用したが、しだいに民間企業も情報収集力を身につけ、場合によっては政府の情報収集を助けるまでになったことを述べた。

本章では、第二次大戦後にかけての日本の政府や企業が、みずからの活動についての情報を社会に向かってどのように公開したかを検討しよう。国民の総力を結集する必要のある戦争時に、日本政府や軍部が国民に提供した戦闘情報については、多大の情報統制と操作が行なわれたことを述べた。ここでは一般的な企業・政府の情報公開がどのように行なわれたかを問題としたい。

先進国に追いつこうとしていた日本では、限られた情報を企業同士あるいは政府と企業が共有し、キャッチアップのための戦略を立てた。渋沢栄一らが最初の一万錘《すい》規模の大紡績会社である大阪紡績を一八八二(明治十五)年に創設するときに、紡績技術と会社経営に詳しい人材を養成しようとロンドン留学中の旧津和野藩士山辺《やまのべ》丈夫▲に白羽の矢を立て、紡績の本場マンチェスターで修行させた結果、大阪紡績は好成績を挙げ、産業革命のさきがけとなったが、同じことをする余裕のない紡績会社も多かった。

例えば、一八八九年に設立された尼崎紡績と摂津紡績では、八七年設立の平野紡績がイギリスに派遣して紡績技術を習得させた工部大学校出の菊池恭三▲をそれぞれが雇い入れ、菊池は一人で三社の技術者を兼ねることになった。かなり離れたところにある三社の工場を毎日二社ずつ騎馬や人力車で通い輪番で指導したのである。しかし、日本での大学出の技術者の待遇は必ずしも良くなく、平野紡績の社長金沢仁兵衛が技術者は重役にはしないと主張したのを不満に思った菊池は九八年に同紡績を退社したが、そのころから平野紡績の業績が悪化し、一九〇二年には摂津紡績に合併された。菊池は尼崎紡績では九三年に取締役、〇一年に社長になり、摂津紡績でも九七年に取締役、一九一五(大正四)年に社長になっており、一八年には社長を兼ねる両紡績を合併して大日本紡績を

▼**山辺丈夫**　一八五一～一九二〇年。石見国津和野藩士の家に生まれ、戊辰戦争に従軍、旧藩主の養嗣子の渡英に同行してロンドン大学で経済学を学んだ。帰国後、工務支配人となり、大阪紡績の経営を軌道に乗せ、九五年取締役、九八年社長となった。

▼**菊池恭三**　一八五九～一九四二年。伊予国の庄屋の三男に生まれ、八五年に工部大学校を優れた成績で卒業、横須賀造船所、造幣局に勤め、八七年平野紡績に入った。その留学費用は約三〇〇〇円であったが、平野紡績は菊池の技術者兼担の条件として尼崎紡績と摂津紡績からそれぞれ一三〇〇円ずつ受け取った。

▼羽二重　縦横ともに無撚りの生糸を使った簡単な絹織物。アメリカ・フランス・イギリスなどへ輸出され、スカーフやブラウスなどに加工された。

設立、その初代社長に就任した。同じように菊池を雇い入れてその技術情報を共有した三社であったが、その内とくに技術者菊池を優遇した尼崎紡績がもっとも順調に発展したことが注目されよう。

中小規模の工場からなる織物産地では、織物同業組合が必要な市場情報を集め、市場のニーズに合った製品の供給のための品質検査や技術開発を行なった。例えば、一八九二(明治二十五)年以降、綿糸布とともに生糸に次ぐ重要輸出品となった絹物類とりわけ羽二重▲の主産地は、最初群馬県桐生だったが、八七年にその技術が北陸へ伝わってから福井県の羽二重生産が目覚ましく伸び、九二年には群馬県の生産額を抜き去った。九二年十月二十七日の『時事新報』は、当時の輸出羽二重について、

「是迄海外輸出絹物の本場と称せし桐生・足利辺の羽二重地は、量目を増加せしむる為め薬品を加えて織立つるものもあり、或は寸尺を定度より短かくする処ありて取引上常に苦情絶えず、夫が為め外商の信用を失墜するに至り、却て越前産出の絹地信用ありて同地の羽二重は其名海外に轟《とどろ》き、優等品は越前絹に限るものの如き感を抱かしむるに至り……」

と、越前＝福井産の羽二重が、品質面で桐生＝群馬産の羽二重をしのいでいると伝えている。

九五年当時の福井については、「往々工場を備へ多数の工女を使役するものなきにあらされども、多くは自宅の一部に数台の織機を据へ付け家族一同其業を執る」という状態で、織布工程のあり方は桐生と大差なかったと報告されているから、品質面での相違を生んだ秘密は、福井県絹織物同業組合が行なった厳格な製品検査にあったと見るべきであろう。同組合では、横浜に出荷される県下産出の羽二重について、九二年五月から県費の補助を受けつつ厳しい検査を行ない、松竹梅の三種類に分類して出荷したところ大好評だったという。こうした同業組合による製品検査は、一九一六(大正五)年から法律によって強化され、綿織物・マッチ・真田《さなだ》などは、同業組合の検査に合格しないと輸出できないこととされた。

もうひとつ同業組合の活動例を、阿部武司氏の研究によって見ると、中小機業家からなる兵庫県の播州織同業組合は、一九二〇年恐慌後の不況からの脱出を東南アジア・アフリカ向けの輸出に求め、そのために必要な染晒《そめざらし》・製織・整

▼**真田**　麦わらを漂白して平たくつぶし真田紐のように編んだ麦稈真田、スギ・ヒノキの板を薄く削ったものを編んだ経木真田、マニラ麻を編んだ麻真田など。帽子の材料になる。

理の全工程にわたる技術改革を県の工業試験場とともに行なった結果、輸出を軸に生産が回復し、一九一四年から一九三七(昭和十二)年にかけて主要一〇産地では最高の二一倍という生産額の伸びを記録した。ここでも、地方政府と業界団体の連携による発展戦略が功を奏したと言ってよい。

日本においては、政府と民間企業の中間に位置する業界団体が、第二次大戦後の個別企業の大規模化に伴って弱体化するのではなく、政府の産業政策を遂行する上での新たな機能を担うようになった。その前史は第二次大戦期に産業毎に作られた統制会▲システムにあり、そこでは政府が民間企業の現場についての詳しい情報を統制会を通じて収集し、それに基づいて作成した計画を再び統制会を通じて実行させるというパターンが作られた。そのさい企業に生産意欲をもたせるには、利潤を保証しなければならないことも判明し、計画化と利潤動機の並存が図られたことに留意したい。

戦後改革のなかで統制会は廃止されるが、通産省の官僚は戦時下の統制の担当者だった者が多く、企業は新しく日本鉄鋼連盟を初めとする各種の業界団体を組織した。そして通産省は、産業毎の審議会という情報交換の場を通じて各

▼統制会　一九四一年八月の重要産業団体令により、産業毎に全員加入の統制会が作られ、戦時統制の効率化を図った。もっとも陸海軍の工業会や軍需会社指定など政府の直接統制が強まると、統制会の役割は縮小した。

業界団体の意向を汲み上げつつ、政府の方針を業界団体に下ろしていったのである。こうした双方向での情報の交流が見られたことが、高度経済成長期の産業政策の方向付けを的確なものとしたと言えよう。

企業の情報公開とその限界

早くから行なわれた株式会社の決算公告

私的企業がみずからの経営実態を広く社会に向かって公開する必要は、先進国では十九世紀後半に大企業が株式会社の形を取ることによって発生した。株式会社は社会的資金を集中して成り立つ以上、取締役は株主総会において株主に会計報告をし、配当政策について承認を受けなければならない。また、株主は有限責任だから、会社に資金を貸し付ける銀行その他の債権者を保護するためにも、経理の公開が必要となる。

日本では、近代化の最初から株式会社形態の導入が図られたため、そうした企業は早くから決算公告をする必要があった。一八七二(明治五)年に制定された国立銀行条例には、「国立銀行ハ一ケ年四度以上其銀行ノ事務計算等実地詳

報告

半季實際報告　第一國立銀行

	圓	錢
株金	二、五〇〇、〇〇〇	〇〇
貯蓄金	一七、〇二八	一八

明治七年一月一日ヨリ同六月三十日迄施行ノ事務及諸勘定ヲ當任ノ取締役ヨリ衆株主ヘ公示スル第二同半季報告

今株主ヘ呈スル前半季ノ諸般事務報告及差引勘定表ハ右半季ノ純益金十五万七千五百六十九圓四十二錢ナルヿヲ示スナリ但此高ハ諸役員ノ月給旅費及諸雜費利拂損失等ヲ引去リタル高ナリ

右純益金ノ内定則之通リ諸役員ヘノ配當金二万六千七百八十六圓八十錢ヲ引去リ金一万五千七百五十六圓九十四錢ハ積金トシ金三万三千七百七十五圓六十八錢ヲ後半季ヘ繰越シ今配當スヘキハ金八万千二百五十圓ナリ

右ノ割賦金ハ壹株ニ付金三圓廿五錢ノ割ヲ以テ其株高ニ應シ一般ニ割渡シ且昨半季ノ繰越高二万七千三百六十壹圓三十六錢八厘ヲモ此所ニテ壹株ニ付一圓十二錢一厘ノ割ヲ以舊株主ニ割渡スヘシ

大坂支店支配人津田文三郎勘定改方石井與三次郎ハ病氣ヲ以テ辭職申出ルニ付願ノ通リ相免シ候也

明治七年七月十一日　東京ニ於テ

會長　澁澤榮一

明治七年一月一日ヨリ六月三十日迄半年分第一國立銀行總勘定書及差引表

表中横線ヲ置クハ圓位ト圓以下ノ分數トヲ分界スルナリ且數字ノ側ニ、點ヲ加フルハ千ト百万トヲ指示スモノナリ

渡シ方　銀行ノ負債義務ニ屬スル分

	圓	錢
本社紙幣流通高	一、〇〇二、九七七	〇〇
定期預金	四一五、二七八	五〇
當座預金	四七九、六八四	二八
手形預金	二七〇、二五九	九五
別段預金	一、一三六、七六五	四八

（中略）

損益勘定

損失ノ部

諸雜費	一〇、八二〇	一八
役員月給	一一、六九二	三一
同旅費	一、〇四八	二七
地税	四二一	八五
營繕	五、五五三	二八
利息拂	九六、七一一	三六
手數料	九、三〇五	五五
交換打	四八、三五五	一七
請合料	九、〇〇〇	
損失	九二	二七
通計	一九三、〇〇〇	二四
純益金	一八〇、四九九	四三
總計	三七三、四九九	六七

利益ノ部

金札引換公債証書利息	五二、四九三	九七
新舊公債証書利息	六五、八九八	二四
貸附金利息	一四六、七七二	五九
手數料	三三、二四六	一六
公債証書賣買利益	二四、二八三	〇五
交換打歩	五〇、六五〇	九三
地金賣買利益	一五四	七三
總計	三七三、四九九	六七

右貸借勘定表并損益勘定表ノ儀ハ檢査ノ上確實ナルヲ保證致候也　檢査掛　齊藤純造

明治七年七月十一日　第一國立銀行

頭取　三井八郎右衛門
同　小野善助
副頭取　三野村利左衛門
同　小野善右衛門
取締役　永田甚七
同　行岡庄兵衛

●──第一国立銀行の決算公告　1874年７月22日付『東京日日新聞』。

○第二國立銀行半季實際報告

明治十年七月一日ヨリ十二月三十一日迄第七回下半季ノ諸勘定表ヲ頭取取締役ヨリ株主ヘ公示スル處ノ計算如左

借方　銀行ノ負債義務ニ屬スル分

	弗
株金	三〇〇、〇〇〇、〇〇〇
別段積金	一二、一一二、二八三
本社紙幣流通高	二四〇、〇〇〇、〇〇〇
定期預り金	四四、一一八、一一八
當座預り金	一五、〇五二、三三二
別段預り金	一四七、九八〇
御用預り金	五八八、〇〇〇
御用當座預り金	一六三、八四八、四八〇
損傷紙幣交換元金	一〇、〇〇〇、〇〇〇
洋銀交換方積立金	一、〇〇〇、〇〇〇
仕拂銀行手形	八、七八一、五〇二
本支店益入	四〇、四七七、一七七
洋銀部益入	一、六一一、六四四
滯貸抵當	一、〇〇〇、〇〇〇
前半季繰越	三、六八七、九九三
合計	八四二、四二五、五〇八

貸方　銀行ノ資產權利ニ屬スル分

	弗
紙幣抵當公債	二三四、四五五、四六二
證書	
諸公債証書	九四、六六八、五一三
貸附金	一九三、七六五、九二六
期限過貸附金	一二、三〇二、五〇〇
滯貸附金	一、〇二〇、三三三
荷爲替金	八、九〇五、〇〇〇
預物流込	四二、三〇四、五七五
營業用	二七、四五〇、〇〇〇
地金銀	五、一八四、三九九
本支店利拂諸雜費	一〇、三七五、三九三
雜勘定	七八六、七七〇
金銀有高	二一〇、六一八、六三七
同	五八八、〇〇〇
合計	八四二、四二五、五〇八

右損益勘定如左

金四万二千〇八十八圓八十二錢一厘　益高

内

金一万〇三百七十五圓卅九錢三厘　利拂諸入費損高
金二千五百圓　營業用戻シ入
金二千圓　流込物品ノ内ヘ戻シ入
金五百圓　洋銀交換方積金
金二千七百圓　當季利益金ノ一割別段積金
金三千九百圓　利益金配當規則ニ因リ本支店役員賞與金

殘金

金二万百十三圓四十二錢八厘　當季益金
金三千六百八十七圓九拾九錢二厘　前半季繰込金
合計二萬三千八百〇一圓四十二錢

内

金二萬千圓　當季株主割賦金
但一株ニ付金七圓
金二千八百〇一圓四十二錢　後半季ヘ繰越

右貸借勘定表並ニ損益勘定表ノ儀ハ檢査ノ上確實ナルヲ保證致シ候也

檢査掛　茂木惣兵衛

第二國立銀行

頭取　原善三郎
取締役　吉田幸兵衛
同　增田嘉兵衛
同　西村喜三郎

●──第二国立銀行の決算公告　1878年１月24日付『横浜毎日新聞』。

明ナル報告書計表等ヲ紙幣頭ニ差出ス可シ……但右報告書計表ノ類ハ銀行ヨリ新聞紙又ハ其他ノ手続ヲ以テ世上ニ公告スヘシ」と決められていた。

三井組と小野組が設立し、渋沢栄一が総監役を務める第一国立銀行では、一八七四年二月二日付『東京日日新聞』に、一月二十一日の株主総会の様子を公告したが、この時は、前年八月以降の半季「考課状」については「近日之ヲ上梓シテ一般ノ公覧ヲ乞フベシ」と記すに止まり、同年七月十一日付の第二回「半季実際報告」が、はじめて『東京日日新聞』や『郵便報知新聞』などに掲載された。▲それを見ると、同年十一月の小野組破綻によって一〇〇万円の減資を余儀なくされる直前の同行の姿を知ることができる。横浜の生糸売込問屋原善三郎や茂木惣兵衛らが横浜為替会社を改組して設立した第二国立銀行も『横浜毎日新聞』等に決算公告を掲載している。

一八八〇年代になると、大阪紡績会社や日本鉄道会社あるいは日本郵船会社といった産業革命を推進する株式会社の決算も新聞紙上に公告されるようになるが、三井・三菱・住友・古河などの財閥系企業は株式会社形態を取らない場合が多いため、その決算は公開されなかった。▲しかし、そのことは財閥系企業

▼**第一国立銀行決算公告**　前ページ上写真参照。

▼**決算の公開**　ただし、銀行については一八九〇年八月公布、九三年七月施行の普通銀行に関する銀行条例により、決算を新聞等に公告することが義務付けられたため、合名会社三井銀行や合資会社安田銀行などは決算が公開された。

▼**横浜正金銀行**　一八八〇年政府の支援を受けて横浜商人が創設した貿易金融機関。八七年の横浜正金銀行条例により性格が明確化した。以後、日本銀行の低利資金に支えられつつ世界有数の外国為替銀行に成長した。

が資金を外部とくに海外から導入しようとするさいに問題を生んだ。たとえば三井物産は、一九〇九年に株式会社になるまで合名会社組織であったため、その決算は外部に公開されなかった。同社の必要とする為替《かわせ》資金は、最初は日本政府の支援する特殊銀行である横浜正金銀行▲に主として頼っており、三井物産の海外支店のあるところには必ずと言ってよいほど横浜正金銀行の支店があって、同社の資金繰りの面倒を見ていた。

ところが、一九〇〇年代になると三井物産の活動の急拡大に横浜正金銀行がついて行けなくなり、三井物産としては外国銀行にも為替金融を依頼するために、ロンドンやニューヨークなどで物産の信用を保証する信用状(レター・オブ・クレジット)を発行してもらうことが増えたが、当初はその発行を頼むのに苦労したという。

一九〇六年七月の同社支店長会議の席上、岩原謙三は、

「紐育《ニューヨーク》支店ニ於イテモ最初ハ『クレデット』ヲ得ルニ付頗ル困難ヲ感シ、漸詰リ生糸ヲ輸出スルニ正金銀行ニ依ルノ外殆ト金融ノ途モ無カリシカ、漸次年月ヲ経ルト同時ニ我々ト銀行社会トノ往来頻繁トナリ相互ニ事情モ知

リ且ツ我三井ノ信用モ知ラルルニ至リシ結果、近来大分多クノ外国銀行ヨリ『クレデット』ヲ得ツツアリ」（三井物産合名会社『支店長諮問会議事録』一九〇六年）

と述べ、ロンドン支店でも当時最大の信用状発行機関であったクラインウォールトなどから信用状を得ているが、手数料が高くて閉口していること、「今後漸次倫敦《ロンドン》ニテモ多クノ銀行ト関係密接トナルト同時ニ是等ノモノモ口銭ヲ引下クル時代到来スルナラン」と発言している。

この当時の三井物産の国際的な信用度が必ずしも高くなかったことは、信用状の手数料が高いことから明らかであるが、一九〇七年の世界恐慌にさいして、香港上海銀行が三井物産の手形の買い取りを制限しようとしたことにも良く示されている。この時は、同行の香港本店から横浜支店への問い合わせに対して、横浜支店支配人が三井物産に対する信用を変更する必要は全くなく、もしも三井物産が破産するようなことがあればそれは取りも直さず日本政府の破産であるとまで書き添えて返電したため、事無きをえたという。

一九〇九年に三井物産が株式会社に改められたさい、組織変更により経理内容を公表する必要が生ずる点が問題とされたが、それが「外国人」に対して与える影響は「必ズシモ悉《ことごと》ク不利益ナルモノトハ思ハレザル也」(益田孝「三井家営業組織改革意見書」『三井事業史』資料篇三)と評価されたことが注目されよう。国際金融市場での的確な評価を得るためには、自己の活動内容についての情報公開が必要であり、秘密主義はかえって不利益を生むことを、改革を推進した益田孝らは気づいていたのである。

経理公開の不十分さが証券市場の遅れを生む

もっとも、一八九三(明治二十六)年に会社編が施行され、一八九九年に全面施行された商法の規定は、会計情報の詳しい公開という点では不十分であり、会計監査についても監査役による内部監査▲に止まっていた。また、建物や機械設備の減価償却▲をどの程度行なうか、所有する有価証券の価格評価をどのように行なうかについて明確な統一基準がなかったため、投資家や債権者は決算報告を眺めても会社の経営状況について十分理解できなかった。

たとえば初期の紡績会社は高率配当を行なって増資を繰り返したが、その配当は固定資産の減価償却を行なわずにひねり出したもので「タコ配当▲」の部分を

▼内部監査　定時株主総会に提出する前に貸借対照表などの決算書類を外部の会計監査人が監査することを法律で義務付けたのは、一九六五(昭和四十)年に大型倒産が続出したことを受けた一九七四年のことであった。

▼減価償却　固定資産の経済価値はしだいに消耗しやがては廃棄されるので、企業はその消耗分を減価と捉えて損失として処理しなければならない。固定資産の減価償却の開始をもって株式会社企業の定着の指標の一つとされるのはそのためである。ただし税法上損失への算入が認められたのは、アメリカでは一九一三年、日本では一九二〇(大正九)年である。

▼タコ配当　俗にタコは空腹になると自分の足を食うと言われるので、それに似た形で利益がないのに株主にあえて配当をすることを言う。

含むものであったし、逆に、日清戦争で巨額の利益を得た造船・海運企業は多額の減価償却を実施することによって公表利益の伸びを押さえているのである。資産評価については、一八九九年商法では「目録調整ノ時ニ於ケル価格」という時価主義がとられていたが、一九一一年の法改正により「財産目録調整ノ時ニ於ケル価額ヲ超ユルコトヲ得ス」という時価以下主義が採られるようになった。

日本郵船会社の場合を山口不二夫氏の研究によって見ると、一八八五年の創設以来所有船舶価格の減価償却を年々行なっていた同社は、増加する所有有価証券についても一九〇一年以降、市場価格による評価をするようになり、市場価格が下がるたびに帳簿価格を市場価格まで引き下げたが、市場価格が上がったときは必ずしも帳簿価格を改めなかった。その意味では同社の場合は所有資産の評価について早くから時価以下主義が採られており、資産評価と公表利益を低くして配当を押さえつつ「含み益」の部分を作りだしていた。

こうした傾向は、第二次大戦後の一九六二(昭和三十七)年の商法改正にさいして、資産の時価が上昇気味であったにもかかわらず、その資産を取得した時の価格のままとする取得原価主義が導入されることによって一層甚だしくなり、

▼**時価主義**　企業の有する資産価格を時価＝市場価格によって評価する考え方。

▼**時価以下主義**　資産価格を時価ないしそれ以下の価格で評価する考え方。

決算報告のデータだけではその企業の現実の経営状況はほとんど把握できなくなった。資産の時価が低落気味の最近では、逆に原価主義が所有資産の「含み損」を決算に反映させない点が問題とされるようになった。そして、国際的には時価主義会計が主流となりつつあるため、日本でも二〇〇二(平成十四)年三月期決算から企業間の持ち合い株を含めて時価評価が義務付けられた。

企業の経理内容をできるだけ詳しく公開するディスクロージャー・システム▲としての会計制度の必要性が強調されるようになったのは世界的にもそう古いことではない。

一九二九年の世界大恐慌が、震源地のアメリカで一〇〇〇万人と称された大衆投資家に大打撃を与えたため、一九三三年の証券法と一九三四年の証券取引法によって、有価証券の発行と取引が政府によって厳しく規制され、投資家に対して株式会社の経理内容の公開が要求されるようになったのがきっかけだった。日本にそうした制度が導入されたのは、一九四八年の証券取引法においてであるが、アメリカにおいて投資家保護を徹底するために重要な役割を担っている証券取引委員会▲と同様な委員会が導入されたものの、僅か五年で廃止とな

▼ディスクロージャー・システム
企業についての重要な情報を利害関係者に開示することがディスクロージャー(企業内容開示)であり、そのための制度をシステムと呼ぶ。

▼アメリカの証券取引委員会
略称SEC。大統領が上院の同意を得て任命する五人の委員からなる独立の行政機関で、強制調査権をもつだけでなく、規則の制定権と、審決をする準司法的機能をもつ。ワシントン本部のほか主要都市に地方局をもち、弁護士・会計士など三〇三九名(一九九六年)の専門家が働いている。

ってしまった。以後、証券市場は未成熟なまま、銀行融資に頼って高度経済成長が実現することになる。

そして、一九七三年の第一次石油危機を契機に世界的な低成長の時期に入ると、日本の大企業の銀行離れが進み始め、八〇年代のバブル期には大企業は過剰資金を土地と株式に投入した。そして九〇年のバブル崩壊による株式暴落で個人投資家が手痛い打撃を蒙った反面、大企業などの大口顧客に対しては証券会社が大蔵省の承認のもとに損失補塡《ほてん》を行なっていた事実が判明し、個人投資家は一斉に証券市場から撤退した。一九四六年には全上場会社株式の六九％を所有した個人株主は、一九六〇年代に四〇％台、一九八〇年代に二〇％台しか所有しておらず、その後も比率は低迷している。

二〇〇〇年末の個人金融資産に占める株式比率はアメリカの三六％弱に対して日本は七％弱にすぎず、日本では過半が預金という異様な状態にある。預金を預かる銀行が不良債権の処理で身動きできず、日本経済の活性化の鍵は一四〇〇兆円の個人金融資産が証券市場に向かうことにかかっているにもかかわらず見とおしは暗い。それは、証券業者と投資先企業が正確な情報を個人投資家

日立・松下・トヨタなど

4大証券補てん先判明

自己申告分 延べ187法人

年福事業団53億円

ノンバンク不動産担保融資 6割上回る

野村・大和・日興・山一の補てん先（単位百万円）

「大口優遇」鮮明に

4大証券の補てん先判明

公的機関など広範

日興・山一 訂正報告と不一致も

補てん先法人の声

受けた認識ない 運用関知せず 至急調べる

●──損失補塡を伝える新聞記事　一九九一年七月二十九日付『日本経済新聞』。

に提供してこなかったマイナスの歴史によるところが大きいのである。

情報公開法を巡る政府と民間の攻防

政府情報の公開へと向かう世界的な潮流

アジア太平洋戦争における日本の敗戦と戦後改革の実施は、明治維新以来の日本国家のあり方を大きく変革し、天皇主権のもとの大日本帝国憲法に代わって国民主権の原則に立つ日本国憲法が制定された。国家公務員法▲によって、それまでの「天皇の官吏」は「国民の公僕」になったはずであるが、政府は依然として大きな役割を果たしており、官僚の意識はあまり変化しなかった。行政機関のもつ情報は、国民のあずかり知らないことだという戦前来の「お上」の意識はほとんど変わらず、今日に至るまで日本政府は世界でもっとも秘密主義な政府の部類に属するという評価がなされてきている。

敗戦によって、それまで秘密にされてきた戦時中の軍部と政府の活動実態が究明される可能性が生まれたが、一九四五(昭和二十)年八月十五日の降伏から、占領軍の第一陣が厚木飛行場に到着する八月二十八日にかけて、大量の軍関係

▼**国家公務員法**　日本国憲法第一五条に公務員の任免は国民の権利であり公務員は「全体の奉仕者」とされたのに基づき、一九四七年十月に公布された。大日本帝国憲法第一〇条における天皇の官制大権に基づき、勅令によって官僚制度を定めていたのと異なっている。

文書が組織的に焼却され、焼却命令は市町村レベルの兵事《へいじ》文書にまで及んだ。内務省では特高関係など戦争責任の追及に使われそうな文書は焼却され、外務省でも中国関係などの記録が多く廃棄されたという(『岩波講座　日本通史』別巻3史料論)。

このことは、極東軍事裁判にさいしての証拠不足をもたらしただけでなく、その後、辛うじて保存されていた資料の公開が進まないことと相俟って、戦争責任問題を資料に基づいて議論することを困難にさせ、問題を今日まで残す一因となった。ただし、極東軍事裁判については、アメリカも、「七三一部隊▲」による細菌兵器研究の成果と引き換えに関係者を免責する取引を行なっており、秘密主義の一翼を担っていたことを見落とすべきではなかろう。

今日の世界的な情報公開法の流れを作ったのはアメリカであるが、同国の場合も情報公開への道のりは決して平坦なものではなかった。建国当時のアメリカでは、憲法起草者の一人であるジェームス・マディソンの次の言葉が示すように、民主主義の基礎としての情報公開は自明のこととされた。

「人民が情報をもたず、情報を入手する手段をもたないような人民の政府

▼**七三一部隊**　中国東北部のハルビン市南東約二〇キロにあった関東軍防疫給水部の通称で、細菌戦の研究と実践を行なった。人体実験の対象とされた犠牲者は少なくとも三〇〇〇人を数え、製造されたペスト菌などは中国の十数都市に散布された。

というのは喜劇への序章か悲劇への序章か、あるいはおそらくその双方への序章であるにすぎない。知識をもつ者が無知な者を永久に支配する。そしてみずからの支配者であらんとする人民は、知識が与える権力でもってみずからを武装しなければならない。」（松井茂記『情報公開法入門』）

しかし、第二次大戦後のアメリカでは、肥大化した行政府に官僚制特有の秘密主義がはびこり、そうした傾向がソ連との冷戦対抗によって一層強められた結果、あらゆることが「国家安全保障」の名の下に秘密とされうる事態が出現した。こうした状態への危機感から一九五五年に民主党のジョン・モス下院議員は、「政府情報に関する下院特別委員会」を設立し、一九六六年までかかって漸く国民の「知る権利」を保障する情報自由法を成立させたのである。

もっともこの法律は、ジョンソン大統領と官僚の圧力のため不完全だったので、八年後の一九七四年になってフォード大統領の拒否権発動を議会が一丸となって押し切って大幅な修正が行なわれ、手数料の大幅引き下げや国家秘密を理由とする非開示の限定などが実現した。この八年間にベトナム戦争の泥沼化とウォーターゲート事件▲により、国民による監視のない権力の危険性をアメリ

▼**ウォーターゲート事件**　一九七二年にニクソン大統領の再選を策するグループがワシントンのウォーターゲート・ビルにある民主党本部に盗聴装置を仕掛けようとした事件で、最初無関係と述べていた大統領が事件の隠蔽工作に関わっていたことが分かって辞任した。

カ国民が身にしみて感じたことが、修正の背景にあった。さらに、一九九六年には電子情報自由法が成立して、電子化された政府記録に国民が直接アクセスして、必要とする情報を入手できるようになった。

こうしたアメリカの動きと平行して、ヨーロッパ諸国や旧英連邦諸国で相次いで情報公開法が制定され、アジアでは日本に先だって韓国が一九九六年十二月に情報公開法を公布、一年後に施行した。韓国では一九九三年に民主化を掲げる金泳三《キムヨンサム》が大統領に当選し三二年振りの文民政権が登場した頃から、地方自治体レベルで相次いで情報公開条例が制定され、さらに中央政府レベルでも制度化の努力が重ねられた結果、国民の「知る権利」を保障することを明記した情報公開法が制定されたのである。

情報公開の後進国日本の現状

日本での情報公開法の制定は、韓国よりもかなり遅れた一九九九(平成十一)年五月のことであり、二〇〇一年四月から施行された。日本でも国民の「知る権利」を巡る議論そのものは早くから行なわれており、例えば、一九七二(昭和四十七)年の沖縄返還のさいの費用負担について日米間に密約があったことを

▼**ロッキード事件**　アメリカのロッキード社が航空機売り込みのために、賄賂を商社の丸紅などを通じて日本側に渡した事件で、田中角栄前首相等が逮捕され有罪判決を受けた。

裏付ける機密文書を、毎日新聞記者が入手したことが裁判沙汰となり有罪とされた事件について、国民の「知る権利」「取材の自由」が議論されたが、国民的な関心は低かった。

ところが一九七六年のロッキード事件▲を契機に、政府の秘密主義に対する国民的批判が強まり、情報公開法の制定を選挙公約に掲げる政党が現われた。そして、一九八二年の山形県金山町・神奈川県を先頭に、まず地方自治体レベルで情報公開条例を制定するところが続出した。

一九九三年に三八年間にわたる自民党長期政権が崩壊し、細川護熙《もりひろ》・非自民八党会派連立内閣が発足するや、国政レベルでの情報公開法制定への動きが進み始め、九五年三月に行政改革委員会の行政情報公開部会が発足して法案の要綱を作成した。そこでの審議に並行して、九五年四月から地方自治体の情報公開条例を使って、新聞記者や市民グループが自治体職員の出張旅費・食糧費の中身を調べたところ、「カラ出張」による裏金作りや官庁間の違法な接待の実態が続々と判明したため、国民は情報公開による権力の監視が必要なことを実感した。

さらに、九六年二月には、菅直人《かんなおと》厚相によって、厚生省エイズ研究班が八三年当時非加熱血液製剤の危険性を知っていたことを示す資料が公開され、提訴から六年以上に亘って難航していた薬害エイズ訴訟は一挙に解決した。このこともまた行政情報の公開が官僚の無責任な行動をチェックする上で決定的な意義をもつことを明らかにした。

このような国民の関心の高まりに対応しつつ、情報公開法の要綱案が作られていったが、法案に国民の「知る権利」を明記することは、ヒヤリングの対象となった諸官庁や行政情報公開部会内部での反対が強くて実現しなかった。その代わりに、政府はその活動を国民に説明する責任があるという説明責任（アカウンタビリティー）という言葉が使われた。

このように、国民の権利としてでなく政府の役割のひとつとして情報公開が位置付けられた結果、さまざまな限界が生ずることになった。例えば、どのような行政文書が保管されているかを知るには文書一件ごとの目録がなければならないが、ファイル名だけの目録ではそこにどんな文書が含まれているか分からないし、やっと開示請求をした場合も、さまざまな理由で不開示の回答をされる傾向がある。

さらに、文書の保存期限について従来あった永年保存の規定がなくなり最長で三〇年とされ、期限が来たものは廃棄されるか、国立公文書館に移管されることとされたが、どの文書を移管するかの決定権が文書館側にはないため、歴史的に重要なものが廃棄される可能性が高い。この最後の点では、日本の公文書館は国際的には極めて遅れた水準にあると言わねばならない。

実際、二〇〇一年四月から情報公開法が施行されるのに伴い、ちょうど省庁の再編成が行なわれたことと相俟って、それまで保存されてきた官庁文書のなかで廃棄されるものが相次いでいるとの噂が研究者の間に広まった。敗戦時の文書焼却に匹敵する大々的な廃棄が進んでいるとまで心配する向きもあり、関連学会として何とか対応すべきだとの声が高まった。

そこで、たまたま社会経済史学会の代表理事を務めていた筆者は、日本金融学会と証券経済学会、および、経営史学会・土地制度史学会の代表と共同で、▲同年十月に財務省・金融庁・日本銀行を訪ね、金融・証券関係資料の長期保存と完全公開についての要望を行なった。それがどこまで効果をもつかは今後の

▼**関連学会の代表者**　堀内昭義日本金融学会会長、小林和子証券経済学会代表理事、宮本又郎経営史学会会長、廣田功土地制度史学会理事代表の諸氏と筆者。

事態を見なければ分からないが、廃棄について一定の歯止めを掛けることができるものと期待したい。

「官僚制的行政は、その傾向からいえば、常に、公開性を排除する行政である。官僚は、できさえすれば、彼らの知識や行動を、批判の眼から隠蔽しようとする」というのは二十世紀初頭のドイツの社会学者マックス・ヴェーバーの言葉であるが、これはそのまま二十一世紀初頭の日本の官僚制にも当てはまる言葉である。多くの省庁では依然として、知られるとまずい重要情報が保存され開示されるのを、できるだけ避ける傾向がある。官僚が主権者である国民に知られるとまずい情報を隠すのは、主として失敗についての責任追及を逃れる組織防衛＝自己保存のためと思われるが、そうだとすれば、戦前の軍人官僚が辿ったと同様の道を今日の文人官僚も辿っていることになろう。

インターネットの普及により、行政情報の公開も、政府側にその気があれば、極めて容易に行なうことができるようになったが、現段階の日本では、アメリカの各連邦省庁のサイト上に設けられている電子閲覧室のような便利な情報検索手段はなく、情報公開法の前途は多難である。その意味では、情報化の新たな手段が開発されても、それがどのような役割を果たすかは、政府と民間の緊張をはらんだ関係のなかで決まることが銘記されるべきであろう。

情報技術を生かすも殺すも考え方次第だ

ここ一〇年ばかりの間の情報技術の進展はすさまじい勢いである。筆者のような年寄りの世代でも研究上の連絡にはインターネットを利用することが当たり前になった。とくに国際学会や全国学会での相談や連絡にさいしては、Eメールによる連絡が不可欠であり、電話をかけてもなかなか捕まらない研究者も、Eメールを打つと数時間以内に必ず返事が返って来るから不思議である。移動中の連絡には携帯電話を用いることも普通になった。ゼミナールの学生諸君との連絡にも便利なのは携帯電話である。

このように情報技術の飛躍的発展によって、遠く離れていても人間同士の連絡が極めて容易になったことは、個人が自立した反面で互いにバラバラな関係になりがちな近代社会の人間関係の欠陥を克服する可能性をもっているようにも見える。しかし、話はそう上手《うま》くいくとは限らない。たとえば、携帯電話を耳に当てて話をしながら歩いている若者のなかには、すぐ近くにいる他人に気付かずに身体をぶつけてしまう者がしばしばいるが、バーチャルな空間での繋《つな》がりのためにリアルな空間のことが疎《おろそ》かになるとすれば、それは充実した人間関係の構築と言えるであろうか。

携帯電話の届く範囲はかつてとは比較にならないほど広くなったが、実際に連絡しあっている相手は意外と限定されているのではあるまいか。さらに言えば、インターネットや携帯電話によって交換されている情報の中身は、どのような密度と水準のものなのであろうか。学生諸君の生活振りを見ていると、書籍代が携帯電話料金によって圧迫されているが、本を読んで考える習慣がなくなっていくとすれば、Ｅメールや携帯電話によって運ばれる情報の質の低下は避けられないであろう。

この小冊子において筆者が明らかにしたかったのは、郵便・電信・電話・インターネットといった新しい情報伝達手段の発達により、さまざまな情報の入手が便利になったとしても、人々の暮らしにとって本当に必要な情報が把握され、記録され、公開されなければ無意味だということである。

日本では政府と企業が多くの情報を絶えず生み出し、収集し、蓄積しているが、重要な情報の多くが社会に公開されないまま独占的に利用され、最後は闇から闇へと葬り去られている。その結果は、日露戦争後の日本のアジアでの帝国主義路線の選択となり、アジア太平洋戦争後の戦争責任の自覚と追及の長きにわたる欠如となり、さらには、最近の政界・官界の腐敗と経済界の不振となって現われたのではないであろうか。近代日本社会の病根は、人々がありのままの事実を正面から把握し、それを見つめつつ、みずからの生きかたを考えて行く姿勢が不足していることにある。

第二次大戦前の権力による新聞・放送統制は、人々のそうした姿勢を支えるはずのメディアの活動を押さえ込み、メディア自体の堕落を招いたが、同じような危険は二十一世紀の今日の日本においても存在する。限界を持ちながらも情報公開法による政界・官界の腐敗の究明が進み、政治へのテレビその他の影響力が増大しつつある状況に危機感を抱いた政権党が、個人情報の保護を口実にメディア規制をたくらんでいる。

個人情報の保護はほんらい政府や民間業者による乱用に対して行なわれるものだが、日本政府は権力者をメディアの取材から保護するという顛倒した発想に立っている。その動きと有事法制の仕組みが出揃えば、実質的には戦前と大差ない厳しい情報規制となるに違いない。それだけではない。情報技術の高度化は、住民各自の詳しい個人情報を国家や企業が管理することを容易にしており、それを野放しにすれば、ジョージ・オーウェルの小説『一九八四年▲』で描かれた以上の恐るべき全体主義の世界にわれわれは取り込まれるであろう。

　そうした方向に進むことを阻止しながら、新しい日本と世界のあり方をどう生み出して行くかがいま問われている。そのために必要なことは、まず今日の日本と世界に起こっている現実を、われわれ市民がメディアと協力してきちんと把握することであろう。現実を見つめる力がどこから沸いて来るかと言えば、われわれ個人の生がいまや地球上の全ての人々の生と密接不可分のものとなっており、そうした隣人の幸不幸を無視している限り、われわれの幸せはありえないことを自覚するとともに、人々が生きる現実はいくら否定して隠そうとしても厳として存在することを肝に銘ずるところからでしかあるまい。

　欧米人にとってはキリスト教の神が常に全てを見通しているし、中国人の場合は天に対する恐れがあるという。昔の日本人には武士道・町人道などの社会倫理があり、隠しごとをする子供は親から「お天道様はちゃんと見ているよ」と叱られたが、今の日本人には超越的＝普遍的なものへの恐れは全くないのであ

▼一九八四年　一九四九年刊の逆ユートピア小説。一九八四年の架空の超大国オセアニアにおいて、人間の言語・思考を含む全生活が権力によってコントロールされるという全体主義支配の世界を描いた。

ろうか。文書を廃棄しさえすれば自分らにとって都合の悪い事柄も消し去ることができると信ずる政治家や官僚がいるとすれば、それはみずからを神とする傲慢さであり、普遍的なものへの恐れを失った人間失格の姿としか言いようがない。

歴史的事実はどんなに否定しようとしても消えないのであって、われわれはいやな事実を含めて現実を正面から見据えて問題にしていかなければならない。そうした単純で基本的な真実にわれわれが目覚めたときに、高度化する情報技術は新しい社会を生み出すものとして機能するようになるであろう。

●—写真所蔵・提供者一覧(敬称略，五十音順)

朝日新聞社　p. 27, p. 61
ＮＴＴワールドエンジニアリングマリン株式会社　p. 24
信濃教育会　p. 8上右
逓信総合博物館　カバー表，カバー裏，扉, p. 8上左, p. 8下, p. 13
東京大学法学部附属明治新聞雑誌文庫　p. 71下
日本経済新聞社　p. 79
毎日新聞社　p. 48, p. 49, p. 71上

製図：曾根田栄夫

③—国家・企業情報の独占と公開

益田孝「三井家営業組織改革意見書」『三井事業史』資料篇3,三井文庫,1974年

『岩波講座　日本通史』別巻3(史料論),岩波書店,1995年

松井茂記『情報公開法入門』岩波新書,2000年

●—引用文献

石井寛治『日本経済史〔第二版〕』東京大学出版会, 1991年
石井寛治『情報・通信の社会史』有斐閣, 1994年
竹内啓『高度技術社会と人間』岩波書店, 1996年

①—途上国日本の情報化戦略

F・L・ホークス著, 土屋喬雄・玉城肇訳『ペルリ提督日本遠征記』第3分冊, 原著1856年, 岩波文庫, 1953年
R・オールコック著, 山口光朔訳『大君の都』中巻, 原著1863年, 岩波文庫, 1962年
島崎藤村『夜明け前』新潮社, 1932年, 新潮文庫, 1954〜55年
竜門社編『渋沢栄一伝記資料』第9巻, 渋沢栄一伝記資料刊行会, 1956年
長井実編『自叙益田孝翁伝』内田老鶴圃, 1939年, 中公文庫, 1989年
有山輝雄『情報覇権と帝国日本Ⅲ　東アジア電信網と朝鮮通信支配』吉川弘文館, 2016年
陸軍省編『明治卅七・八年戦役陸軍政史』第4巻, 湘南堂書店, 1973年
藤村欣市朗『高橋是清と国際金融』上巻, 福武書店, 1992年

②—国家権力による情報操作と失敗

桂芳男『総合商社の源流　鈴木商店』日経新書, 1977年
『稿本　三井物産株式会社一〇〇年史』上巻, 日本経営史研究所, 1978年
日本経営史研究所編『回顧録　三井物産株式会社』1976年
本位田祥男『綜合蚕糸経済論』下巻, 有斐閣, 1937年
野村実『日本海海戦の真実』講談社現代新書, 1999年
『別冊知性5　秘められた昭和史』河出書房, 1956年
安藤良雄編著『昭和経済史への証言』中巻, 毎日新聞社, 1966年
江口圭一『十五年戦争小史』青木書店, 1986年
堀栄三『大本営参謀の情報戦記』文芸春秋, 1989年, 文春文庫, 1996年
寺崎英成ほか編著『昭和天皇独白録, 寺崎英成・御用掛日記』文芸春秋, 1991年
清沢洌著・山本義彦編『暗黒日記』岩波文庫, 1990年
額田坦『陸軍省人事局長の回想』芙蓉書房, 1977年
半藤一利『ノモンハンの夏』文芸春秋, 1998年, 文春文庫, 2001年

藤井信幸『テレコムの経済史　近代日本の電信・電話』勁草書房, 1998年
藤原彰『太平洋戦争史論』青木書店, 1982年
堀部政男編『情報公開・プライバシーの比較法』日本評論社, 1996年
毎日コミュニケーションズ出版部編『明治ニュース事典』全 9 巻, 1983〜86年
松本貴典編『戦前期日本の貿易と組織間関係』新評論, 1996年
松村高夫ほか『戦争と防疫　七三一部隊のもたらしたもの』木の友社, 1997年
藪内吉彦『日本郵便創業史』雄山閣出版, 1975年
藪内吉彦「問屋場から郵便局へ」『郵便史研究』第 3 号, 1997年
山口不二夫『日本郵船会計史』白桃書房, 1998年

●—参考文献(引用文献は除く)

『朝日新聞社史　大正・昭和戦前編』朝日新聞社, 1991年

阿部武司『日本における産地綿織物業の展開』東京大学出版会, 1989年

石井寛治「近代郵便史研究の課題」『郵便史研究』第 9 号, 2000年

石井寛治『日本の産業革命　日清・日露戦争から考える』講談社学術文庫, 2012年

石井寛治『帝国主義日本の対外戦略』名古屋大学出版会, 2012年

石井寛治『資本主義日本の歴史構造』東京大学出版会, 2015年

江口圭一『昭和の歴史 4　十五年戦争の開幕』小学館, 1982年

大江志乃夫『日露戦争の軍事史的研究』岩波書店, 1976年

岡崎哲二・奥野正寛編『現代日本経済システムの源流』日本経済新聞社, 1993年

外務省編『日本外交年表竝主要文書』原書房, 1966年

角瀬保雄『新しい会計学』大月書店, 1986年

籠谷直人『アジア国際通商秩序と近代日本』名古屋大学出版会, 2000年

後藤孝夫『辛亥革命から満州事変へ — 大阪朝日新聞と近代中国』みすず書房, 1987年

今野勉『真珠湾奇襲・ルーズベルトは知っていたか』読売新聞社, 1991年, PHP 文庫, 2001年

佐々木聡・藤井信幸編著『情報と経営革新』同文館, 1997年

高村直助『会社の誕生』吉川弘文館, 1996年

谷寿夫『機密日露戦史』原書房, 1966年

谷光太郎『情報敗戦』ピアソン・エデュケーション, 1999年

角山栄編著『日本領事報告の研究』同文館, 1986年

鶴岡憲一・浅岡美恵『日本の情報公開法　抵抗する官僚』花伝社, 1997年

戸部良一ほか『失敗の本質　日本軍の組織論的研究』ダイヤモンド社, 1984年, 中公文庫, 1991年

日本ジャーナリスト会議編『マスコミの歴史責任と未来責任』高文研, 1995年

日本電信電話公社海底線施設事務所編『海底線百年の歩み』電気通信協会, 1971年

橋本寿朗編『日本企業システムの戦後史』東京大学出版会, 1996年

林田学『情報公開法』中公新書, 2001年

日本史リブレット60

情報化《じょうほうか》と国家《こっか》・企業《きぎょう》

2002年9月20日　1版1刷　発行
2018年8月30日　1版3刷　発行

著者：石井寛治《いしいかんじ》

発行者：野澤伸平

発行所：株式会社 山川出版社

〒101－0047　東京都千代田区内神田1－13－13
電話　03(3293)8131(営業)
　　　03(3293)8135(編集)
https://www.yamakawa.co.jp/
振替　00120-9-43993

印刷所：明和印刷株式会社

製本所：株式会社 ブロケード

装幀：菊地信義

Printed in Japan ISBN 978-4-634-54600-4

日本史リブレット 第Ⅰ期【全68巻】

1 旧石器時代の社会と文化 ── 白石浩之
2 縄文の豊かさと限界 ── 今村啓爾
3 弥生の村 ── 武末純一
4 古墳とその時代 ── 白石太一郎
5 大王と地方豪族 ── 篠川 賢
6 藤原京の形成 ── 寺崎保広
7 古代都市平城京の世界 ── 舘野和己
8 古代の地方官衙と社会 ── 佐藤 信
9 漢字文化の成り立ちと展開 ── 新川登亀男
10 平安京の暮らしと行政 ── 中村修也
11 蝦夷の地と古代国家 ── 熊谷公男
12 受領と地方社会 ── 佐々木恵介
13 出雲国風土記と古代遺跡 ── 勝部 昭
14 東アジア世界と古代の日本 ── 石井正敏
15 地下から出土した文字 ── 鐘江宏之
16 古代・中世の女性と仏教 ── 勝浦令子
17 古代寺院の成立と展開 ── 岡本東三
18 都市平泉の遺産 ── 入間田宣夫
19 中世に国家はあったか ── 新田一郎
20 中世の家と性 ── 高橋秀樹
21 武家の古都、鎌倉 ── 高橋慎一朗
22 中世の天皇観 ── 河内祥輔
23 環境歴史学とはなにか ── 飯沼賢司
24 武士と荘園支配 ── 服部英雄
25 中世のみちと都市 ── 藤原良章
26 戦国時代、村と町のかたち ── 仁木 宏
27 破産者たちの中世 ── 桜井英治
28 境界をまたぐ人びと ── 村井章介
29 石造物が語る中世職能集団 ── 山川 均
30 中世の日記の世界 ── 尾上陽介
31 板碑と石塔の祈り ── 千々和到
32 中世の神と仏 ── 末木文美士
33 中世社会と現代 ── 五味文彦
34 秀吉の朝鮮侵略 ── 北島万次
35 町屋と町並み ── 伊藤 毅
36 江戸幕府と朝廷 ── 高埜利彦
37 キリシタン禁制と民衆の宗教 ── 村井早苗
38 慶安の触書は出されたか ── 山本英二
39 近世村人のライフサイクル ── 大藤 修
40 都市大坂と非人 ── 塚田 孝
41 対馬からみた日朝関係 ── 鶴田 啓
42 琉球と日本・中国 ── 安里 進
43 琉球の王権とグスク ── 紙屋敦之
44 描かれた近世都市 ── 杉森哲也
45 武家奉公人と労働社会 ── 森下 徹
46 天文方と陰陽道 ── 林 淳
47 海の道、川の道 ── 斎藤善之
48 近世の三大改革 ── 藤田 覚
49 八州廻りと博徒 ── 落合延孝
50 アイヌ民族の軌跡 ── 浪川健治
51 錦絵を読む ── 浅野秀剛
52 対馬が語る近世 ── 水本邦彦
53 21世紀の「江戸」 ── 吉田伸之
54 近代歌謡の軌跡 ── 倉田喜弘
55 日本近代漫画の誕生 ── 清水 勲
56 海を渡った日本人 ── 岡部牧夫
57 近代日本とアイヌ社会 ── 麓 慎一
58 スポーツと政治 ── 坂上康博
59 近代化の旗手、鉄道 ── 堤 一郎
60 情報化と国家・企業 ── 石井寛治
61 民衆宗教と国家神道 ── 小澤 浩
62 日本社会保険の成立 ── 相澤與一
63 歴史としての環境問題 ── 本谷 勲
64 近代日本の海外学術調査 ── 山路勝彦
65 戦争と知識人 ── 北河賢三
66 現代日本と沖縄 ── 新崎盛暉
67 新安保体制下の日米関係 ── 佐々木隆爾
68 戦後補償から考える日本とアジア ── 内海愛子

〈すべて既刊〉

第Ⅱ期【全33巻】

69 遺跡からみた古代の駅家 ── 木本雅康
70 古代の日本と加耶 ── 田中俊明
71 飛鳥の宮と寺 ── 黒崎 直
72 古代東国の石碑 ── 平川 南
73 律令制とはなにか ── 大津 透
74 正倉院宝物の世界 ── 松嶋順正
75 日宋貿易と「硫黄の道」 ── 山内晋次
76 荘園絵図が語る古代・中世 ── 小野正敏
77 対馬と海峡の中世史 ── 佐伯弘次
78 中世の書物と学問 ── 小川 剛生
79 史料としての猫絵 ── 落合延孝
80 寺社と芸能の中世 ── 松尾恒一
81 一揆の世界と法 ── 呉座勇一
82 戦国時代の天皇 ── 今谷 明
83 日本のなかの戦国時代 ── 藤木久志
84 兵と農の分離 ── 平井上総
85 江戸時代のお触れ ── 藪田 貫
86 江戸時代の神社 ── 高埜利彦
87 大名屋敷と江戸遺跡 ── 宮崎勝美
88 近世商人と市場 ── 林 玲子
89 近世鉱山をささえた人びと ── 荻 慎一郎
90 「資源繁盛の時代」と日本の漁業 ── 高橋美貴
91 江戸時代の浄瑠璃文化 ── 田口章子
92 江戸時代の老いと看取り ── 柳谷慶子
93 軍用地と都市・民衆 ── 荒川章二
94 日本民俗学の開拓者たち ── 岩本通弥
95 感染症の近代史 ── 内海孝
96 染織と文化財の近代史 ── 青木 美保子
97 徳富蘇峰と大日本言論報国会 ── 鈴木 貞美
98 科学技術政策 ── 中山 茂
99 労働力動員と強制連行 ── 西成田豊
100 占領・復興期の日米関係 ── 五十嵐武士
101 環境歴史学 ──

〈白ヌキ数字は既刊〉